Technical And Vocational Education

高职高专计算机系列

网络设备安装与调试

Network Equipment Installation and Commissioning

陈小明 罗柏 张志山 ◎ 主编
王时春 刘专 吕保慨 ◎ 副主编
刘新林 ◎ 主审

人 民 邮 电 出 版 社
北 京

图书在版编目（CIP）数据

网络设备安装与调试 / 陈小明，罗柏，张志山主编. -- 北京 : 人民邮电出版社，2014.2（2023.7重印）
工业和信息化人才培养规划教材. 高职高专计算机系列
ISBN 978-7-115-33138-0

Ⅰ. ①网… Ⅱ. ①陈… ②罗… ③张… Ⅲ. ①计算机网络－通信设备－设备安装－高等职业教育－教材②计算机网络－通信设备－调试方法－高等职业教育－教材 Ⅳ. ①TN915.05

中国版本图书馆CIP数据核字(2013)第224124号

内 容 提 要

本书根据“校企双制，工学结合”人才培养模式的要求，对计算机网络应用专业的工作任务与职业能力进行分析，以岗位技能要求为标准，采取项目式的教学方法，按照“理论知识和实践操作相结合，课程教学和工作实践相结合”的原则进行编写。

本书包含工程项目基础、交换机的安装与配置、路由器的安装与配置、无线局域网的配置、防火墙的安装与配置、广域网技术及应用 6 个项目共 22 个任务，对网络设备安装与调试的内容进行了有机整合，将每一类设备的配置作为一个实际项目，并结合具体的任务进行介绍。每个任务包含任务描述、预备知识、任务实施、任务回顾等。

本书适合作为高等职业院校计算机网络应用专业及相关专业的教学用书，也可作为各类网络培训班的辅导资料，以及广大网络爱好者自学网络技术的参考用书。

◆ 主　　编　陈小明　罗　柏　张志山
　副 主 编　王时春　刘　专　吕保慨
　主　　审　刘新林
　责任编辑　桑　珊
　责任印制　焦志炜

◆ 人民邮电出版社出版发行　　北京市丰台区成寿寺路 11 号
　邮编　100164　　电子邮件　315@ptpress.com.cn
　网址　https://www.ptpress.com.cn
　涿州市般润文化传播有限公司印刷

◆ 开本：787×1092　1/16
　印张：13　　　　　　2014 年 2 月第 1 版
　字数：333 千字　　　2023 年 7 月河北第 14 次印刷

定价：30.00 元

读者服务热线：(010) 81055256　印装质量热线：(010) 81055316
反盗版热线：(010) 81055315
广告经营许可证：京东市监广登字 20170147 号

前 言

随着计算机网络技术的迅速发展和日益普及，计算机网络已成为人们生活的一个重要组成部分，而网络设备又是计算机网络的基础，网络设备的安装与配置日渐成为重要的技能，为各用人单位所重视。职业教育以培养学生的能力为主线，以培养学生的职业能力为目标，要求职业学校的学生在了解必备的理论知识的基础上，具备较强的实际应用和操作能力。本书以项目应用为主线，帮助学生了解网络设备的特性，使学生学会安装、调试、管理及使用网络的方法，掌握网络互连技巧，重点培养学生的实际动手能力，为学生提供较为详尽的任务指导，以培养适应社会需要，能构建、维护和管理网络设备的人才。在编写过程中，本书力求做到网络理论以够用为原则，重点突出实践操作，突出先进性和实用性。

本书是在神州数码控股有限公司的帮助与指导下，结合作者多年的专业教学和企业工作实践经验编写而成的一体化教材。本书根据计算机网络应用专业的工作任务与职业能力分析中，网络销售服务、网络规划与设计、网络建设实施、网络运行与维护等任务领域而设置。全书以工作任务为逻辑主线来组织，把完成工作任务必需的相关理论知识构建于项目之中。学生在完成具体项目的过程中完成相应工作任务，从而训练职业能力，掌握相应的理论知识。本书涵盖了网络体系结构、产品选型、方案设计、设备安装调试、设备使用配置等多项技能。教学中可首先分任务教学，最后通过配置案例来综合运用所学的知识与技能，使学生融会贯通。本书融合了 Cisco 网络工程师 CCNA 和神州数码认证网络工程师 DCNE 相应的知识与技能要求，强化培养学生的岗位职业能力和职业素质，实现学生的培养与企业的需要“零距离”接轨。

本书主要特点如下。

1．信息丰富，内容翔实，重点突出

本书在内容上涉及网络设备的各个方面，重点是研究网络设备的配置技术以实践教学活动为主线，以工作任务为驱动，使学生在学习中不但提高了岗位职业技能，而且加深了对理论知识的理解。全书配置了大量的实例和方案拓扑，为了帮助读者理解，还包含了对一些“要点”的特别注释和“提示”，以帮助读者弄清各种容易混淆的概念。

2．合理、有效的组织

本书按照由浅入深的顺序，在逐渐丰富系统功能的同时，引入相关技术与知识，实现技术讲解与训练合二为一，注重对学生创新能力的培养，调动学生积极性和主观能动性，达到学生自我学习和自我评价的目的，有助于“教、学、做”一体化教学的实施。

为方便读者使用，书中全部实例的源代码及电子教案均免费赠送给读者，读者可登录人民邮电出版社教学服务与资源网（www.ptpedu.com.cn）下载。

本书由陈小明、罗柏、张志山任主编，王时春、刘专、吕保慨任副主编，刘新林任主审，向必圆、 但金燃、欧运娟、陈俊锦、林炯龙、何星参加编写，陈小明统编全稿。本书在编写过程中得到了神州数码网络有限公司吕保慨工程师的大力帮助。

由于编者水平有限，书中不妥或错误之处在所难免，殷切希望广大读者批评指正。

编　者

2013 年 8 月

前言

目 录

项目一

工程项目基础

【项目导入】

计算机网络从业人员经常会和网络设备打交道。在网络工程招投标、网络工程设计、网络工程实施、网络日常管理和维护等环节，都需要技术人员对计算机网络相关知识有一个初步的认识，了解和熟悉市场上主流的网络产品，为网络工程的设计、实验、管理做好准备。

本项目主要掌握计算机网络知识、理解用户需求及方案设计等相关知识。

【学习目标】

- ✧ 了解计算机网络的定义
- ✧ 掌握计算机网络的构成
- ✧ 熟悉网络设备产品
- ✧ 掌握网络拓扑结构图
- ✧ 理解用户需求
- ✧ 学会绘制网络拓扑结构图
- ✧ 学会专业的网络设计方法

任务 1　认识计算机网络

【任务描述】

小东是某职业学院网络中心的新入职的网络管理员，负责网络中心的设备管理及维护工作。领导要求小东了解校园网的网络拓扑、设备及网络拓扑结构图的绘制。

本任务的目的是通过对计算机网络的认识，掌握网络拓扑结构及产品，为以后学习网络设备的配置打下基础。

【预备知识】

1．计算机网络定义

我们在生活中经常遇到各种各样的网络，如交通网、通信网、电视网、电力网、邮政网等。那么，什么是网络呢？我们把为了某种目的而将相关设备、介质等通过一定方式集成在一起形成的有机系统定义为“网络”。

计算机网络也是一样，我们把利用通信设备和传输线路，将分布在不同地理位置的、具有独立功能的多个计算机系统连接起来，通过网络通信协议、网络操作系统实现资源共享及传递信息的系统定义为“计算机网络”。图 1-1 所示为某学校网络拓扑结构。

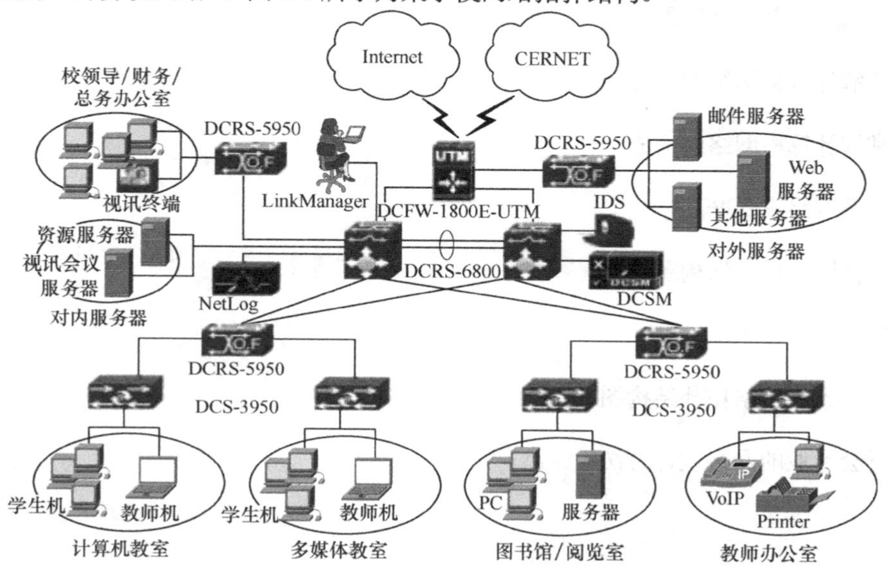

图 1-1　某学校网络拓扑结构

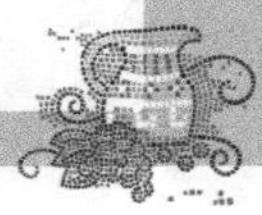

2. 计算机网络分类

根据需要，可以将计算机网络分成不同类型。按地理位置不同，可分为局域网、城域网、广域网等。

（1）局域网

局域网（Local Area Network, LAN）覆盖范围较小，通常限于 1km 之内，如一个办公室、几栋楼、一个大院区等。传输速率为 10~100Mbit/s，甚至可以达到 1000 Mbit/s。局域网主要用来构建一个单位的内部网络，如学校的校园网、企业的企业网等。局域网通常属某单位所有，单位拥有自主管理权，以共享网络资源为主要目的。局域网的特点是：传输速度高、组网灵活、成本低。

（2）城域网

城域网（Metropolitan Area Network，MAN）覆盖范围通常为一座城市，从几千米到几十千米，传输速度通常在 100 Mbit/s 以上。城域网是对局域网的延伸，用于局域网之间的连接。城域网主要指城市范围内的政府部门、大型企业、机关、公司、ISP、电信部门、有线电视台和市政府范围内的专用网络和公用网络，可以实现大量用户的多媒体信息的传输，包括语音、动画和视频图像、电子邮箱及超文本网页等。

（3）广域网

广域网（Wide Area Network，WAN）其覆盖范围通常为几个城市、一个国家，甚至全球，从几十到几千千米。广域网主要是指使用公用通信网所组成的计算机网络，是因特网（Internet）的核心部分，其任务是通过长距离传输主机发送数据。广域网的特点是地理范围广、数据传输容易出现错误、成本高以及可以连接多种局域网。

3. 计算机网络构成

通过网络交换设备（交换机、集线器等）将若干计算机连接起来，构成局域网；通过网络互联设备（路由器、通信设备等）将若干局域网连接起来，构成互联网，最终达到相互通信、资源共享的目的。

（1）网卡

网卡（Network Interface Card，NIC）也称网络适配器，是计算机之间或计算机与网络设备之间相互连接并且传递数据的设备（组件）之一。

（2）传输介质

网络传输介质可以分为两类：有线传输介质（如双绞线、同轴电缆、光缆等）和无线传输介质（如无线电波、微波、红外线、激光等）。

① 双绞线（Twisted Pairware，TP）是计算机网络中最常用的传输介质，按其抗干扰能力分为屏蔽双绞线（Shielded TP，STP）和非屏蔽双绞线（Unshielded TP，UTP）。

按照 EIA/TIA 要求的接线方式分为 568A 及 568B 标准。

568A 标准：绿白-1，绿-2，橙白-3，蓝-4，蓝白-5，橙-6，棕白-7，棕-8。

568B 标准：橙白-1，橙-2，绿白-3，绿-4，蓝白-5，蓝-6，棕白-7，棕-8。

如果一条双绞线两端的接线方式相同，都为 T 568A 或 T 568B，则这样的双绞线叫做交叉线。而将两端接线方式不同，一端为 T 568A 或 T 568B，另一端为 T 568B 或 T 568A 的双绞线叫做直连线。

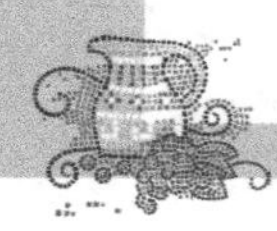

② 同轴电缆广泛用于有线电视网 CATV 和总线型以太网，常见的有 75 Ω 和 50 Ω 的同轴电缆。75 Ω 的电缆用于 CATV。总线型以太网用的是 50 Ω 的电缆。同轴电缆分为细同轴电缆和粗同轴电缆。

③ 光缆目前广泛应用于计算机主干网，缆内光纤可分为单模光纤和多模光纤。单模光纤具有更大的通信容量和传输距离。常用的多模光纤是 62.5 μm/125 μm 和 50 μm/125 μm。

④ 无线电波是能够在空气中进行传播的电磁波，能够穿透墙体，覆盖范围较大，是一种组网的通用方法。

4．常用网络设备

（1）集线器

集线器也称 Hub，是将计算机等设备接入网络的物理层设备之一。

集线器的工作原理。集线器的内部总线是所有用户共享的，连接在集线器上的用户用一时刻只能有一个占有集线器来传输数据，它的工作原理是 CSMA/CD。除了共享宽带这一特点，还有一方面就是它的工作方式。集线器属于物理层设备，不具备交换机所具有的 MAC 地址表。它发送数据时都是没有针对性的，而是采用广播方式发送，也就是说当它要向某节点发送数据时，不是直接把数据发送到目的节点，而是把数据包发送到与集线器相连的所有节点。

（2）交换机

① 二层交换机。二层交换机是局域网中的主要设备之一，常作为网络接入设备使用，是链路层设备。

交换机利用 MAC 地址表实现不同端口间同时传递数据，避免了 Hub 连接设备的冲突问题，提高了局域网设备间交换数据的效率。

在交换机的 MAC 地址表中存放了用户网卡的 MAC 地址与交换机相应端口的对应关系，当连接到交换机的一个用户向另外一个用户发出数据到达交换机后，交换机会在 MAC 地址表中查找该目的 MAC 地址与端口的对应关系，并从对应的端口转发出去，而不再像集线器一样把所有数据都广播到局域网。

当然也有特殊情况。当交换机收到的数据目的地址为广播地址，或是未知地址（在 MAC 地址表中没有表项）时，会采取广播的方式向局域网所有用户转发该数据。

通过查找 MAC 地址表，交换机对单播数据帧实现转发或广播，对广播帧只进行广播。

② 三层交换机。三层交换机是网络层设备之一，主要作为局域网汇集层设备或核心层设备使用，起到网络汇聚或核心连接的作用。

三层交换机具有更好的转发性能，它可以实现“一次路由、多次交换”，通过硬件实现数据包的查找和转发。所有网络的核心设备一般都会选择三层交换机。三层交换机通过划分 VLAN 限制广播域及过滤不同的网段流量。

（3）路由器

路由器也是网络层设备之一，常在局域网与其他网络连接处使用，用于网络之间互联。路由器可以实现不同类型或不同协议的网络互联。路由器收到一个数据包后，提取数据包中的目的 IP 地址，确定目标网络地址。通过路由表查询到达目标网络的路由，实行数据包的转发。但路由器的转发性能并不高，而且每个数据包到达路由器后都查找路由表，获得去目标网络的路由。

（4）防火墙

防火墙（Firewall）是常用的网络安全设备之一。它一方面保护内网免受来自因特网未授权或

未验证的访问，另一方面控制内部网络用户对因特网的访问等。防火墙也常常用在内网中隔离敏感区域受到非法用户的访问或攻击。

（5）IDS/IPS

IDS/IPS 是专门针对病毒和入侵而设计的网络安全设备，它们对非法的数据是非常敏感的。不同之处是 IDS 对发现的非法数据只能发出警报而不能自动防御，而 IPS 可以将检测到的非法数据直接过滤。

应用 IDS/IPS 时，可以放在防火墙之后，相当于在防火墙设定的规则之后再添加了对非法数据的过滤规则，让局域网更加安全可靠。

5. 网络协议

网络协议是网络设备及计算机间交流信息的规则，以太网通常使用的协议是 TCP/IP 协议。

6. 网络拓扑结构

计算机连接的方式叫做“网络拓扑结构”。网络拓扑是指用传输媒体互连各种设备的物理布局，特别是计算机分布位置以及电缆如何通过它们。设计一个网络的时候，应根据实际情况选择正确的拓扑方式。每种拓扑都有优点和缺点。

常见的拓扑结构主要有总线型、星型、环型和网状型拓扑结构。

（1）总线型拓扑结构

总线型拓扑结构采用单根数据传输作为通信介质，所有的站点都通过相应的硬件接口直接连接到通信介质，而且已被所有其他的站点接收。图 1-2 所示为总线型拓扑结构。

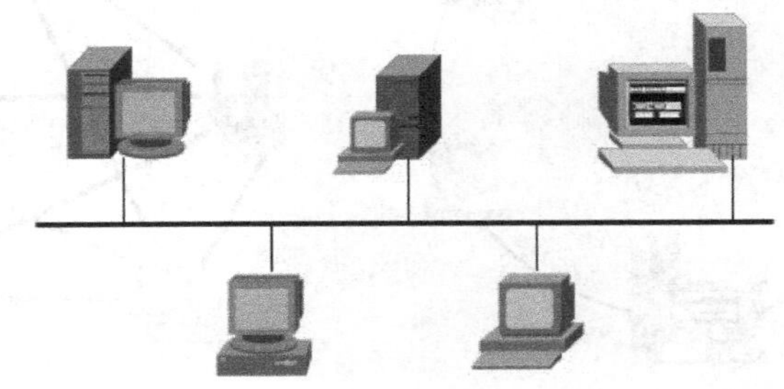

图 1-2　总线型拓扑结构

总线型网络结构中的结点为服务器或工作站，通信介质为同轴电缆。

由于所有的结点共享一条公用的传输链路，所以一次只能由一个设备传输，这就需要某种形式的访问控制策略来决定下一次哪一个结点可以发送。一般情况下，总线型网络采用载波监听多路访问/冲突检测（CSMA/CD）控制策略。

（2）星型拓扑结构

星型拓扑结构是中央结点和通过点到点链路连接到中央结点的各结点组成。利用星型拓扑结构的数据交换方式有电

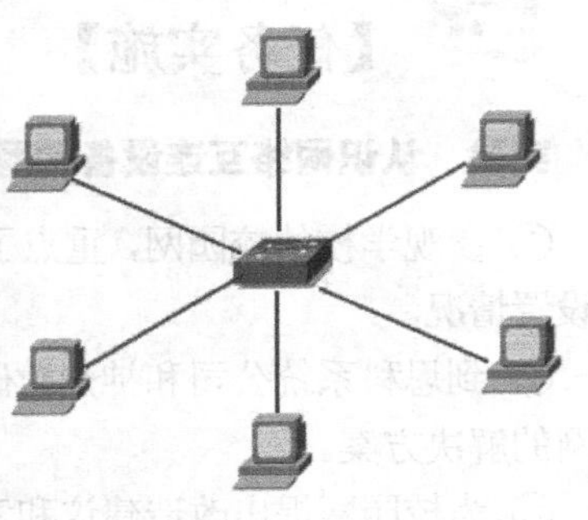

图 1-3　星型拓扑结构

路交换和报文交换，尤其以电路交换最为普遍。一旦建立通道连接，可以没有延迟地在连通的两个结点之间传送数据。工作站到中央结点的线路是专用的，不会出现拥挤的瓶颈现象。图 1-3 所示为星型拓扑结构。

在星型拓扑结构中，中央结点为集线器（Hub），其他外围结点为服务器或工作站，通信介质为双绞线或光纤。

由于网络中所有结点向外传输数据时都必须经过中央结点来处理，因此，对中央结点的要求比较高。星型拓扑结构被广泛地应用于智能网络。

（3）环型拓扑结构

环型拓扑结构是一个像环一样的闭合链路，在链路上有许多中继器和通过中继器连接到链路上的结点。也就是说，环型拓扑结构网络是由一些中继器和连接到中继器的点到点链路组成的一个闭合环。在环型拓扑中，所有的通信共享一条物理通道，即连接网中所有结点的点到点链路。图 1-4 所示为环型拓扑结构。

（4）网状拓扑结构

网状拓扑结构中的各结点通过传输线路相互连接起来，并且任何一个结点都至少与其他两个结点相连。网状拓扑结构具有较高的可靠性，但实现起来费用高、结构复杂、不易管理和维护，因此在局域网中很少采用，常用在广域网中。在广域网中还常采用部分网状连接的形式，以节省经费。图 1-5 所示为网状拓扑结构。

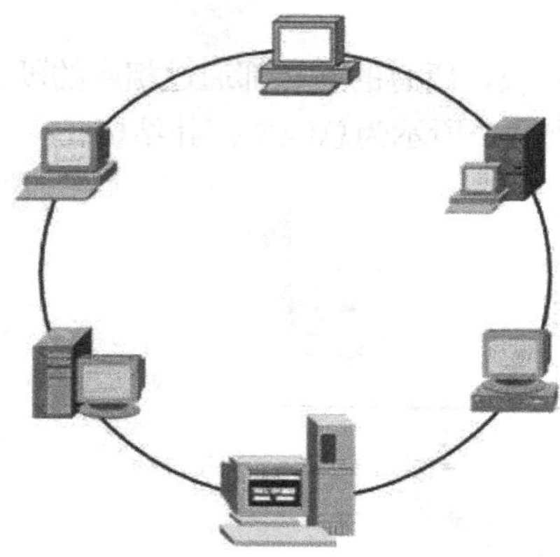

图 1-4　环型拓扑结构

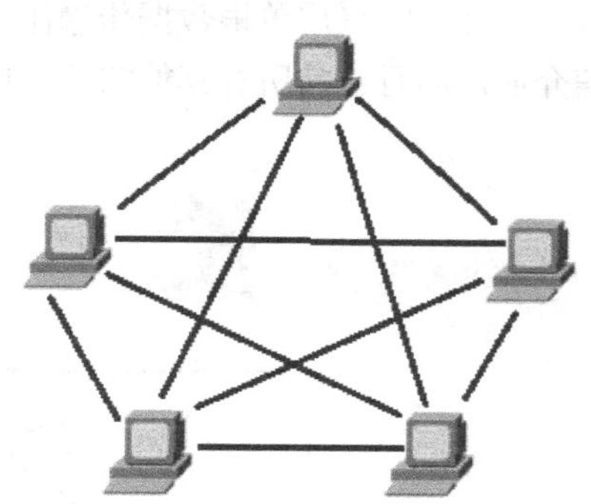

图 1-5　网状拓扑结构

【任务实施】

实验　认识网络互连设备和网络拓扑结构

① 参观学校的校园网，重点了解校园网的网络拓扑、各种关键的路由、交换设备以及服务器的设置情况。

② 到思科系统公司和神州数码控股有限公司的网站了解主流产品、行业解决方案，特别是校园网的解决方案。

③ 为校园网提出改造建议和意见。

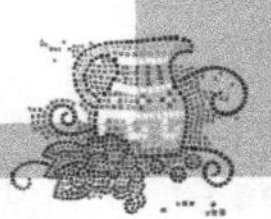

【任务回顾】

思考题：

1．什么是计算机网络？计算机网络是如何分类的？

2．绘制你所在学校的网络拓扑结构图。

3．列出你所在学校计算机网络设备的清单。

4．你所在学校的计算机网络是否适应目前用户的需求？

任务2　制定专业的网络设计方案

【任务描述】

某职业学院原来的校园网不能满足现在的信息化需求，为了更好地为师生服务，学校需要重新规划校园网，以具备完善的网络功能，实现无纸化办公的需求，建成一个具有可靠性和安全性的办公网络。

本任务的目的是通过对用户的网络需求进行分析、设计和规划，从而制订专业的网络设计方案。

【预备知识】

1．网络需求

要了解用户现有的网络状况，必须先进行全面的分析和研究，再决定是否将现有资源纳入到新建的网络中，并且考虑是否进行重新规划和管理，以提高网络资源的利用率。根据实际情况，用户网络应满足以下几方面需求。

（1）网络功能

提供 E-mail 服务、DNS 服务、DHCP 服务、WWW 服务、FTP 服务、远程访问服务等功能，明确与因特网（Internet）的接入方式。尽可能地满足客户未来业务的增长需求，以便提高系统的可靠性、安全性、稳定性和兼容性。另外，还要考虑系统升级问题，以保护用户信息，最大程度地延长网络系统的生命周期。

（2）网络性能需求

将网络分成 3 层：核心层、汇聚层、接入层。主干网应采用千兆以太网。子网采用百兆以太网，网络协议采用 TCP/IP 协议，以提供信息交换的高速通道，满足网络语音、视频会议、数据交

换等综合应用的需求。

（3）网络管理和系统安全

要有相关专业的网络管理人员，明确管理范围、管理对象及客户对网络管理功能需求。网络管理功能包括网络配置管理、性能管理、安全管理、故障管理。

（4）网络布线的要求

了解客户整体建筑内部结构和外部环境，根据客户的实际信息点数确定布线类型和方式。

2．网络的设计原则

网络系统性能要求高、技术复杂、涉及面广，在其规划和设计过程中，为使整个网络系统更合理、更经济、性能更良好，须遵守以下设计原则。

（1）成湛熟性原则

在网络技术和产品更新换代频繁的情况下，根据需求理应采用成熟技术，选用成熟产品，避免盲目追求新产品、新技术。

（2）开放性原则

为确保网络的互通性、互操作性，必须遵循开放的标准化原则，选择开放的技术和开放的体系结构、接口和组件。

（3）安全可靠性原则

确保网络安全可靠，选择容错技术，支持故障检测和恢复，可管理性强，并采用多层次的安全措施，如加密、过滤、授权、认证和计账（AAA，Authorization Authentication Account）等。

（4）先进性原则

采用先进的设计思想及软硬件和开发工具，但应考虑实际需要及资金投入的可能性，从而获得较高的性能价格比。

（5）完整性原则

网络建设目标是实现优化的网络设计、安全的数据管理、高效的信息处理、友好的用户界面。

（6）可扩展性原则

采用具有良好扩充性的网络设备和网络拓扑，尽可能采用结构化布线的方法等，保证在具体连网时可根据实际情况灵活组网，以支持网络节点的增加、业务量的增长、网络延伸距离的扩大和多媒体的应用。

（7）可维护性原则

为保证各种信息在网上的传输和管理，可在物理网上建立多个虚拟网，以保证不同的应用系统使用时均有良好的可靠性和安全性；不仅要保证整个网络系统设计的合理性，还应配置相关的检测设备和网络管理设施。由于不同单位的网络发展水平和应用需求差异很大，且网络的组网方法和备选设备种类繁多，因此必须精心规划和设计，分步实施。

3．网络设计方案

网络拓扑设计常用层次化的方法。层次化网络设计在互联网组件的通信中引入了 3 个关键层的概念，因此，整个网络规划为核心层（服务器群）、汇聚层、接入层（用户接入）。图 1-6 所示为层次化网络设计拓扑结构。

在设计大型网络拓扑时，可采用基于交换的层次结构或基于路由的层次结构。

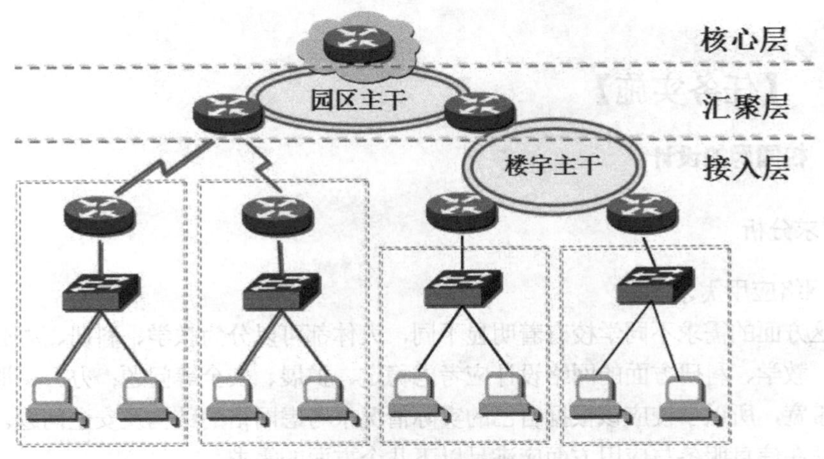

图 1-6　层次化网络设计拓扑结构

（1）核心层

提供高速广域连接、冗余路径、均分负载、快速收敛、有效使用带宽。网络核心层的主要工作是交换数据包，核心层的设计应该注意两点。

① 不要在核心层执行网络策略。所谓策略就是一些设备支持的标准或系统管理员定制的规划。

核心层的任务是交换数据包，应尽量避免增加核心层路由器配置的复杂程度，因为一旦核心层执行策略出错将导致整个网络瘫痪。网络策略的执行一般由接入层设备完成，在某些情况下，策略放在接入层与汇聚层的边界上执行。

② 核心层的所有设备应具有充分的可到达性。可到达性是指核心层设备具有足够的路由信息来智能地交换发往网络中任意目的地的数据包。

在具体的设计中，当网络很小时，通常核心层只包含一个路由器，该路由器与分布层上所有的路由器相连。如果网络更小的话，核心层路由器可以直接与接入层路由器连接，分层结构中的分布层就被压缩掉了。显然，这样设计的网络易于配置和管理，但是其扩展性不好，容错能力差。

（2）汇聚层

汇聚层将大量低速的链接（与接入层设备的链接）通过少量宽带的链接接入核心层，以实现通信量的收敛，提高网络中聚合点的效率，同时减少核心层设备路由路径的数量。

汇聚层的主要设计目标包括以下 3 点。

① 隔离拓扑结构的变化。

② 控制路由表的大小。

③ 收敛网络流量。

（3）接入层

接入层的设计目标包括 2 个。

① 将流量馈入网络。为确保将接入层流量馈入网络。

② 控制访问。由于接入层是用户接入网络的入口，所以也是黑客入侵的门户。接入层通常用包过滤策略提供基本的安全性，保护局部网段免受网络内外的攻击。

【任务实施】

实验　校园网的设计

1. 需求分析

（1）网络应用需求

对于这方面的需求不同学校有着明显不同，大体都可以分为教学、科研、办公、服务这 4 方面的应用。教学、科研方面的网络设计应考虑稳定、扩展、安全等问题；办公、服务等的要着重考虑的是带宽，所以学校应该根据自己的实际情况来考虑网络的结构及安全问题。

校园网在信息服务与应用方面应满足以下几个方面的需求。

① 学校主页。学校应建立独立的 WWW 服务器，在网上提供学校主页等服务，包括校情简介、学校新闻、校报（电子报）、招生信息以及校内电话号码和电子邮件地址查询等。

② 文件传输服务。考虑到师生之间共享软件，校园网应提供文件传输服务（FTP）。文件传输服务器上存放各种各样自由软件和驱动程序，师生可以根据自己需要随时下载并把它们安装在本机上。

③ 校园网站建设（WWW、FTP、E-mail、DNS、PROXY 代理、拨入访问、流量计费等）。

④ 多媒体辅助点播教学兼远程教学。校园网要求具有数据、图像、语音等多媒体实时通信能力；并在主干网上提供足够的带宽和可保证的服务质量，满足大量用户对带宽的基本需要，并保留一定的余量供突发的数据传输使用，最大可能地降低网络传输的延迟。

⑤ 校园办公管理。

⑥ 学校教务管理。

⑦ 校园通卡应用。

⑧ 网络安全 fire wall。

⑨ 图书管理、电子阅览室。

⑩ 系统应提供基本的 Web 开发和信息制作的平台。

（2）网络性能需求

性能需求：有服务效率、服务质量、网络吞吐率、网络响应时间、数据传输速度、资源利用率、可靠性、性能/价格比等。

根据本工程的特殊性，语音点和数据点使用相同的传输介质，即统一使用超 5 类 4 对双绞电缆，以实现语音、数据相互备份的需要。

对于网络主干，数据通信介质全部使用光纤，语音通信主干使用大对数电缆。光缆和大对数电缆均留有余量。对于其他系统数据传输，可采用超 5 类双绞线或专用线缆。

2. 网络总体设计

（1）网络架构分析

现代网络结构化布线工程中多采用星型结构，主要用于同一楼层，是各个房间的计算机间用集线器或者交换机连接产生的，它具有施工简单、扩展性高、成本低和可管理性好等优点。而校

园网在分层布线上主要采用树型结构，每个房间的计算机连接到本层的集线器或交换机上，然后每层的集线器或交换机再连接到本楼出口的交换机或路由器上，各个楼的交换机或路由器再连接到校园网的通信网中，由此构成了校园网的拓扑结构。

校园网采用星形的网络拓扑结构，骨干网为 1000M 速率，具有良好的可运行性、可管理性，能够满足未来发展和新技术的应用。另外，作为整个网络的交换中心，在保证高性能、无阻塞交换的同时，还必须保证稳定可靠地运行。

因此，在网络中心的设备选型和结构设计上必须考虑整体网络的高性能和高可靠性，选择热路由备份可以有效地提高核心交换的可靠性。

传输介质也要适合建网需要。在楼宇之间采用 1000M/bits 光纤，保证了骨干网络的稳定可靠，不受外界电磁环境的干扰，覆盖距离大，能够覆盖全部校园。在楼宇内部采用超 5 类双绞线，其连接状态 100m 的传递距离能够满足室内布线的长度要求。

（2）网络三层结构设计

校园网网络整体分为 3 个层次：核心层、汇聚层、接入层。为实现校区内的高速互联，核心层由 1 个核心节点组成，包括教学区区域、服务器群；汇聚层设在每栋楼上，每栋楼设置一个汇聚节点，汇聚层为高性能“小核心”型交换机，根据各个楼的配线间的数量不同，可以分别采用 1 台或是 2 台汇聚层交换机进行汇聚，为了保证数据传输和交换的效率，现在各个楼内设置 3 层楼内汇聚层，楼内汇聚层设备不但分担了核心设备的部分压力，同时提高了网络的安全性；接入层为每个楼的接入交换机，是直接与用户相连的设备。本实施方案从网络运行的稳定性、安全性及易于维护性出发进行设计，以满足客户需求。

（3）网络拓扑结构

根据要求设计的网络拓扑结构如图 1-7 所示。

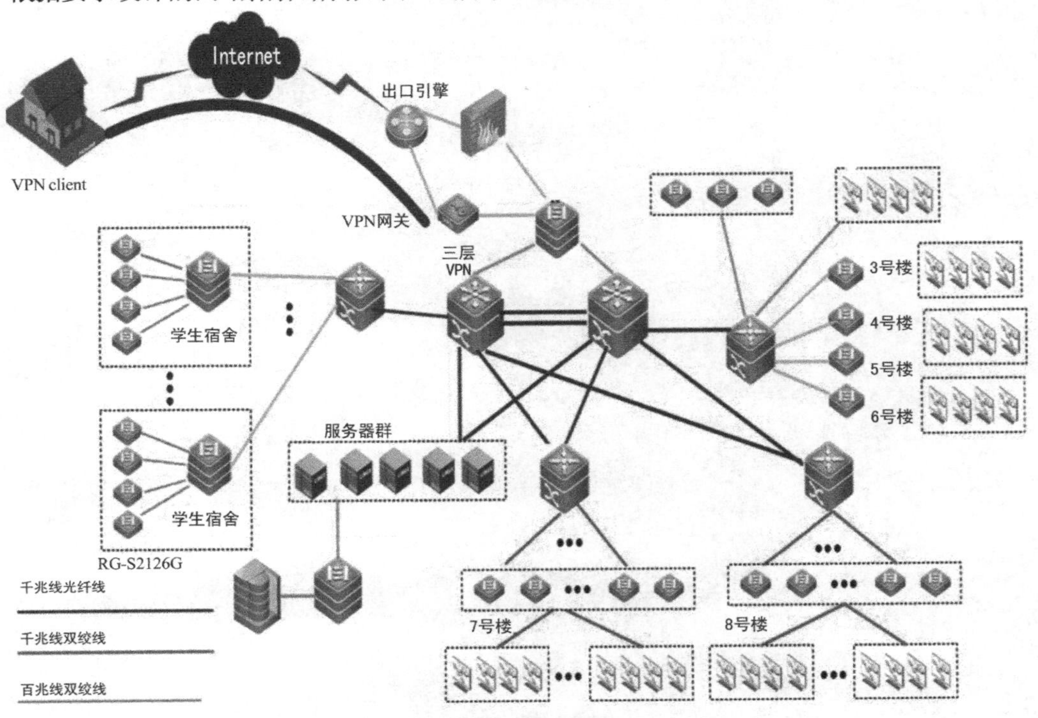

图 1-7　网络拓扑结构图

【任务回顾】

思考题：

1. 分析公司客户的网络需求有哪些？
2. 网络设计的基本原则有哪些？
3. 为什么采用分层结构
4. 核心层、汇聚层、接入层的作用分别是什么？

项目二

交换机的安装与配置

【项目导入】

交换机是最常用的网络互连设备之一。在实际工作中，经常需要对交换机进行配置。交换机涉及的网络技术相当多，包括 VLAN、STP、端口聚合、DHCP 等。掌握交换机的配置，对从事网络设计、售后技术支持、网络管理等工作的技术人员有重大意义。本项目主要用于掌握 VLAN、STP、端口聚合、DHCP 等相关知识及配置。

【学习目标】

- ✧ 熟悉交换机的工作原理
- ✧ 熟悉交换机的访问方式
- ✧ 理解交换机端口的相关技术
- ✧ 熟悉 VLAN 技术
- ✧ 掌握三层交换机原理
- ✧ 熟悉生成树协议与快速生成树协议
- ✧ 掌握 DHCP 工作原理
- ✧ 能够进行交换机的基本配置
- ✧ 能够进行交换机端口的配置
- ✧ 能够对交换机进行 VLAN 的配置
- ✧ 能够使用三层交换机实现 VLAN 间的通信
- ✧ 能够使用路由器实现 VLAN 间的通信
- ✧ 能够进行 STP 的配置
- ✧ 能够进行端口聚合的配置
- ✧ 能够使用三层交换机实现 DHCP 服务
- ✧ 能够使用 DHCP 中继代理实现 DHCP 服务

任务1　交换机及配置基础

【任务描述】

小东是某职业学院网络中心新入职的网络管理员，负责网络中心的设备管理及维护工作。学校原来全部安装的是傻瓜交换机，领导要求网络可以实现远程管理，因此购进了一批可网管交换机。小东想熟悉这批设备的操作及使用方法，使其尽快投入使用。

本任务的目的是通过交换机的配置，掌握识别交换机的各种端口，掌握交换机命令行各种操作模式的区别，理解交换机各种不同工作模式之间的切换技术。

【预备知识】

1．什么是交换机

交换机是按照通信两端传输信息的需要，用人工或设备自动完成的方法，把要传输的信息送到符合要求的相应路由上的设备统称。

2．交换机的工作原理

交换机根据 MAC 地址，通过一种确定性的方法在接口之间转发数据帧。数据帧的封装中必不可少的信息有源 MAC 地址、目的 MAC 地址、高层协议标识、错误检测信息。

交换机通过源 MAC 地址来获得与特定接口相连的设备的地址，并根据目的 MAC 地址来决定如何处理这个数据帧，它的 3 项主要功能如下。

（1）学习

交换机通过查看收到的每个数据帧的源 MAC 地址来学习每个接口连接的设备的 MAC 地址，地址到接口的映射存储在 MAC 地址表中。

（2）转发/过滤

收到数据帧后，交换机通过查看 MAC 地址表来确定通过哪个接口可以到达目的地。若在 MAC 地址表中找到目的地址，则将数据帧转发到相应的接口；否则，将数据帧转发到除入站接口外的所有接口（称为“泛洪”）。

（3）消除环路

环路将导致数据帧不断传输，直到耗尽所有带宽，最终导致网络崩溃。生成树协议 STP（Spanning Tree Protocol）可用于避免环路，同时允许存在多条备份路径，供链路出现故障时使用。

3．交换机转发方式

（1）直通式

直通转发是指交换机接收到数据帧头后，立即查看目的 MAC 地址并进行转发。直通转发交

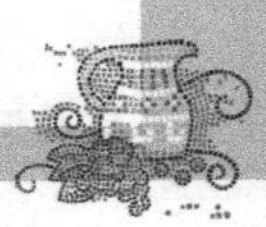

换速度较快，但冲突产生的碎片和出错的数据帧也被转发。

（2）存储转发式

存储转发是计算机网络领域使用最为广泛的技术之一。交换机收到完整的数据帧后，读取源MAC 地址和目的 MAC 地址，然后进行 CRC 校验，过滤掉不正确的数据帧。存储转发在处理数据帧时延迟时间比较长，但可以对进入交换机的数据帧进行错误检测，支持不同速度的输入、输出接口间的数据交换。

（3）无碎片直通转发

无碎片直通转发也称为分段过滤。交换机读取前 64 个字节后开始转发，可以过滤掉由冲突产生的帧碎片，但校验不正确的数据帧仍然会被转发。无碎片直通转发被广泛应用于低档交换机。

4. 交换机的访问方式

交换机的访问有以下 4 种方式，如图 2-1 所示。

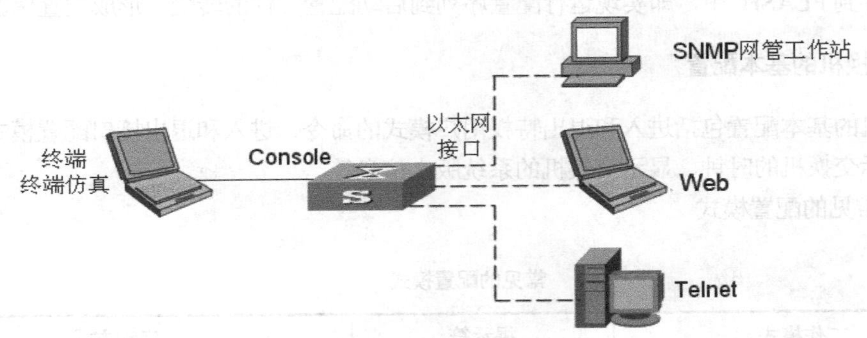

图 2-1　交换机的访问方式

（1）通过带外方式对交换机进行管理

使用 Console 线缆将交换机的 Console 端口与主机的 RS-232（串口）连接，就可以用主机上的终端软件对交换机进行管理。

（2）通过 Telnet 对交换机进行远程管理

通过交换机的 Console 端口对交换机进行初始化的配置，配置交换机的管理 IP 地址、特权密码、用户账号等。同时开启交换机的 Telnet 服务后，就可以通过网络以 Telnet 的方式远程登录管理交换机了。

（3）通过 Web 对交换机进行远程管理

通过交换机的 Console 端口对交换机进行初始化的配置，配置交换机的管理 IP 地址、特权密码、用户账号等。同时开启交换机的 Web 服务后，就可以通过网络使用 IE 浏览器远程登录管理交换机了。

（4）通过 SNMP 管理工作站对交换机进行远程管理

要通过 SNMP 管理交换机，需要一套网络管理软件，在交换机上除了要配置管理 IP 地址外，还要对 SNMP 的一些参数进行配置。

5. 交换机的系统文件和配置文件

（1）系统文件

系统文件包括系统映像文件和引导文件。

系统映像文件是指交换机硬件驱动和软件支持程序等的压缩文件，即通常说的 IMG 升级文件。

引导文件是指引导交换机初始化等的文件，即通常所说的 ROM 升级文件。

（2）配置文件

配置文件包括启动配置文件和运行配置文件。

启动配置文件是指交换机启动时采用的配置序列，该文件名固定为“startup-config”。

运行配置文件是指交换机当前运行的配置序列，该文件存放在内存中。

使用命令 write 或命令 copy running-config startup-config，可将运行配置序列 running-config 从内存中保存到 FLASH 中，即实现运行配置序列到启动配置文件的转变，形成配置保留。

6. 交换机的基本配置

交换机的基本配置包括进入和退出特权用户模式的命令、进入和退出接口配置模式的命令、设置及显示交换机的时钟、显示交换机的系统版本信息等。

（1）常见的配置模式

表 2-1　　常见的配置模式

<table>
<tr><th colspan="2">工作模式</th><th>提示符</th><th>启动方式</th></tr>
<tr><td colspan="2">用户配置模式</td><td>switch></td><td>开机自动进入</td></tr>
<tr><td colspan="2">特权用户配置模式</td><td>switch#</td><td>switch>enable</td></tr>
<tr><td rowspan="4">配置模式</td><td>全局模式</td><td>Switch(config)#</td><td>Switch#configure terminal</td></tr>
<tr><td>端口模式</td><td>Switch(config-if)#</td><td>Switch(config)#interface fastethernet0/1</td></tr>
<tr><td>VLAN 模式</td><td>Switch(config-vlan)#</td><td>Switch(config)#vlan 100</td></tr>
<tr><td>线程模式</td><td>Switch(config-line)#</td><td>Switch(config)#line console 0</td></tr>
</table>

（2）常用的基本配置命令

① 退出命令。

Exit 命令：从当前模式退出，进入上一个模式，如在全局配置模式使用本命令退回到特权用户配置模式，在特权用户配置模式使用本命令退回到一般用户配置模式等，应用举例：

```
Switch(config)#exit
Switch#exit
Switch>
```

End 命令、快捷键 Ctrl+Z：直接退回到特权模式，应用举例：

```
Switch(config-if)#end
Switch#
```

② 帮助命令。

输出有关命令解释器帮助系统的简单描述。此命令适用于各种配置模式，应用举例：

Switch(config)#?

Switch#con?　　　　　　/使用?显示当前模式下所有以“con”开头的命令

Switch#con<tab>　　　　　　/使用 tab 键补齐命令

③ 简写命令。

如果要简写命令，只需要输入命令关键的一部分字符，只要这部分字符足够识别唯一的命令关键字即可。例如：

Switch(config)#interface fastethernet0/1　　/可简写为：Switch(config)#int f0/1

Switch(config)#exit　　/可简写为：Switch(config)#ex

④ 设置提示符命令 hostname。

设置交换机命令行界面的提示符，系统的缺省提示符与交换机的型号有关。此命令适用于全局配置模式，应用举例：

Switch(config)#hostname sw2960

sw2960(config)#

⑤ 热启动命令 reload。

用户可以通过本命令，在不关闭电源的情况下，重新启动交换机，此命令适用于特权用户配置模式，应用举例：

Switch#reload

⑥ 恢复交换机的出厂设置命令 erase。

恢复交换机的出厂设置，即用户对交换机做的所有配置都消失，用户重新启动交换机后，出现的提示与交换机首次上电一样，此命令适用于特权用户配置模式，应用举例：

Switch#erase startup-config

Switch#reload

⑦ 保存命令 write。

将当前运行的配置参数保存到 Flash Memory。当完成一组配置，并且已经达到预定功能时，应将当前配置保存到 Flash 中，以便因不慎关机或断电时，系统可以自动恢复到原先保存的配置，此命令适用于特权用户配置模式，应用举例：

Switch#write　　/相当于 copy running-configstartup-config 命令

⑧ 查看命令 show

思科交换机中，查看命令要在特权用户模式下使用，常见的查看命令如表 2-2 所示。

表 2-2　　常见的查看命令

命令格式	解释	配置模式
Switch#show version	查看交换机的系统版本信息	特权模式
Switch#show running-config	查看 RAM 里当前生效的配置信息	
Switch#show starup-config	查看保存在 Flash 里面的配置信息	

⑨ no 命令。

几乎所有命令都有 no 选项。通常，使用 no 选项来禁止某个特性或功能，或者执行与命令本身相反的操作。例如：

```
Switch(config)#hostname sw2960
sw2960(config)#no hostname sw2960
Switch(config)#
```

⑩ 终止当前操作。

Ctrl+C 或 Ctrl+Break 快捷键可以终止当前操作。

⑪ 配置特权模式密码。

配置进入特权模式的密码命令：Switch(config)#enable secret [level 用户级别] 0|5 密码

用户级别（可选）范围是 1—15，1 为普通用户级别，默认最高授权级别为 15 级。关键参数“0”表示可以输入一个明文口令，“5”则表示需要输入一个已加密的口令。

⑫ 使用历史命令。

Ctrl+P 或上方向键：在历史命令表中浏览前一条命令,从最近的一条记录开始，重复使用该操作可以查询更早的记录。

Ctrl+N 或下方向键：在使用了 Ctrl+P 或上方向键操作之后，使用该操作在历史命令表中回到更近的一条命令，重复使用该操作可以查询更近的记录。

⑬ 设置管理 IP 地址。

给 VLAN 1 配置 IP 地址，通过该管理接口地址，管理员可以通过 Telnet、SNMP、Web 等方式管理交换机。相关命令如下：

```
Switch(config)#interface vlan 1                    /进入 VLAN 1 接口
Switch(config-if)# ip address  192.168.1.1  255.255.255.0
                                          /设置管理交换机的 IP 地址，可根据情况设定
Switch(config-if)#no shutdown                      /启用接口
```

⑭ 配置 Telnet。

为了能够使用 Telnet 的方式配置交换机，除了给交换机设置管理 IP 地址外，还需要在交换机上进行 Telnet 服务的相关配置。相关命令：

```
Switch(config)#line vty 0 4                   /进入 VTY 端口
```

VTY 是路由器远程登录的虚拟端口，0 4 表示可以同时打开 5 个会话，line vty 0 4 是进入 VTY 端口，对 VTY 端口进行配置。

```
Switch(config-line)#password 4321             /设置 Telnet 的登录密码为 4321
Switch(config-line)#login                     /允许 Telnet 登录
Switch(config-line)#exit
Switch(config)# enable secret 0 1234          /设置特权模式密码为 1234，参考（11）
```

⑮ IOS 升级。

IOS 是路由器、交换机等网络设备操作系统，它是一种嵌入式系统，通过升级 IOS，可以更加充分地发挥路由器、交换机的功能。常见的 IOS 升级方法主要有从 console 口导入、从 TFTP 服务器上导入和从 FTP 服务器上导入等。

```
Switch#copy tftp: flash                /从 TFTP 服务器上导入 IOS
Switch#show flash:                     /查看 FLASH 中的系统映像文件
Switch(config)#boot system c2950-i6q4l2-mz.121-22.EA8.bin
                                         /改变启动的系统映像文件
```

【任务实施】

实验 1　交换机基本配置

使用“终端”软件，通过配置线进行交换机的基本配置，实验拓扑结构图如图 2-2 所示。

图 2-2 交换机的基本配置

> **特别提示**
>
> 在 Packet Tracer 6.0 中，双击交换机或路由器等图标并选择“CLI”选项，就可以直接对交换机或路由器等设备进行配置，其功能相当于在 PC 上使用“终端”软件对交换机进行配置。
>
> 为了简化流程，在后面的实验中，不再叙述在 PC 上使用“终端”软件对交换机或路由器等设备进行配置的方法，而是采用直接双击交换机或路由器等设备的方法进行。

1．硬件的连接

在 Packet Tracer 6.0 工作台面中添加 1 台 2960-24TT、1 台 PC，并使用配置线进行连接（交换机的 Console 端口与计算机的 RS232 端口相连接）。

2．软件的设置

双击 P C 打开配置界面，选择“Desktop”选项卡，双击“Terminal”（终端）打开终端配置窗口，按照交换机的通信参数进行设置，其中“Bits Per Second”（比特/秒）要按照交换机的实际情况设置，“Flow Control”（流量控制）设置为“None”，其他参数一般不用改变，如图 2-3 所示。

Terminal Configuration

Port Configuration

Bits Per Second:	9600
Data Bits:	8
Parity:	None
Stop Bits:	1
Flow Control:	None

OK

图 2-3　终端的配置窗口

设置完毕后，单击“确认”开始交换机的配置。

3．换机的基本配置

```
Switch>enable                                   /由用户模式进入特权模式
Switch#configure terminal                       /进入全局配置模式
Enter configuration commands, one per line.   End with CNTL/Z.
Switch(config)#hostname sw2960                  /设置提示符为 sw2960
sw2960(config)#interface fastEthernet 0/1       /进入端口配置模式
sw2960(config-if)#exit                          /退出端口配置模式，回到全局配置模式
sw2960(config)#ex                               /使用简写命令退出全局配置模式，回到特权模式
%SYS-5-CONFIG_I: Configured from console by console
sw2960#?                                        /显示当前模式下可用的命令
Exec commands:
  <1-99>       Session number to resume
  clear        Reset functions
  clock        Manage the system clock
  configure    Enter configuration mode
  connect      Open a terminal connection
  copy         Copy from one file to another
  debug        Debugging functions (see also 'undebug')
  delete       Delete a file
  dir          List files on a filesystem
  disable      Turn off privileged commands
  disconnect   Disconnect an existing network connection
  enable       Turn on privileged commands
  erase        Erase a filesystem
  exit         Exit from the EXEC
  logout       Exit from the EXEC
  more         Display the contents of a file
  no           Disable debugging informations
  ping         Send echo messages
  reload       Halt and perform a cold restart
  resume       Resume an active network connection
  setup        Run the SETUP command facility
  show         Show running system information
  telnet       Open a telnet connection
  terminal     Set terminal line parameters
  traceroute   Trace route to destination
  undebug      Disable debugging functions (see also 'debug')
  vlan         Configure VLAN parameters
```

```
  write          Write running configuration to memory, network, or terminal
sw2960#write                                   /将当前运行时配置参数保存到 Flash Memory
Building configuration...
[OK]
Erasing the nvram filesystem will remove all configuration files! Continue? [confirm]y[OK]
Erase of nvram: complete
%SYS-7-NV_BLOCK_INIT: Initialized the geometry of nvram
sw2960#reload                                  /重新启动交换机
Proceed with reload? [confirm]y
```

请自行练习 no 命令、show 命令、erase 命令、简写命令、帮助命令？、End 命令（或快捷键 Ctrl+Z）、使用历史命令（Ctrl+P 或上方向键、Ctrl+N 或下方向键）、终止当前操作（Ctrl+C 或 Ctrl+Break 快捷键）等，要求达到非常熟练的程度。

实验 2　Telnet 的配置与实现

在 PC 上使用 Telnet 软件通过网线对交换机进行配置，实验拓扑结构图如图 2-4 所示。

图 2-4　通过 Telnet 配置交换机

1．硬件的连接

在 Packet Tracer 6.0 工作台面中添加 1 台 2950-24、1 台 PC，并使用直通线进行连接。

2．软件的设置

双击 PC0 打开配置界面，选择“Desktop”选项卡，双击“IP Configuration”打开 IP 配置窗口，将 PC0 的 IP 地址设置为 192.168.1.2/24，如图 2-5 所示。

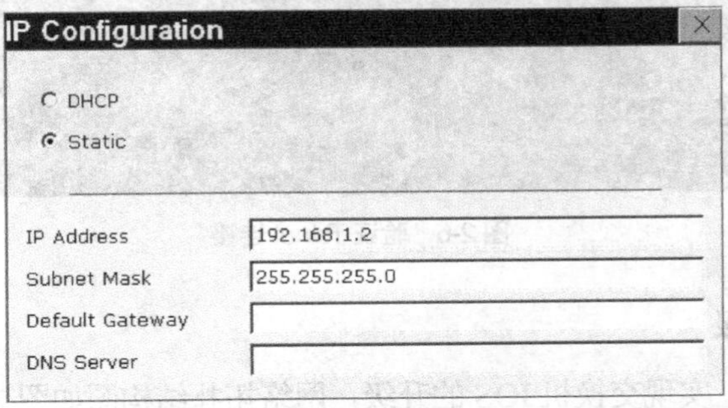

IP Configuration
DHCP
Static
IP Address　192.168.1.2
Subnet Mask　255.255.255.0
Default Gateway
DNS Server

图 2-5　设置 PC 的 IP 地址

3．交换机 Telnet 的配置

```
Switch>en                              /enable 命令的简写，以下命令中多处采用命令简写
Switch#conf t
Enter configuration commands, one per line.    End with CNTL/Z.
Switch(config)#int vlan 1
Switch(config-if)#ip add 192.168.1.1 255.255.255.0          /设置管理交换机的 IP 地址
Switch(config-if)#no shut                                   /启用接口
Switch(config-if)#
%LINK-5-CHANGED: Interface Vlan1, changed state to up
Switch(config-if)#ex
Switch(config)#enable secret 0 1234                  /配置进入特权模式的密码为 1234
Switch(config)#line vty 0 4                          /进入 VTY 端口
Switch(config-line)#password 4321                    /设置 Telnet 的登录密码为 4321
Switch(config-line)#login                            /允许 Telnet 登录
Switch(config-line)#
```

4．验证

双击 PC0 机打开配置界面，选择“Desktop”选项卡，选择“Command Prompt”，输入 telnet 192.168.1.1 命令连接交换机，输入 Telnet 的登录密码“4321”并按回车即可登录到交换机的用户模式下（switch>）；输入 enable 命令进入特权模式，输入进入特权模式的密码“1234”并按回车即可登录到交换机的特权模式下（switch#），接下来就可以开始配置交换机了，如图 2-6 所示。

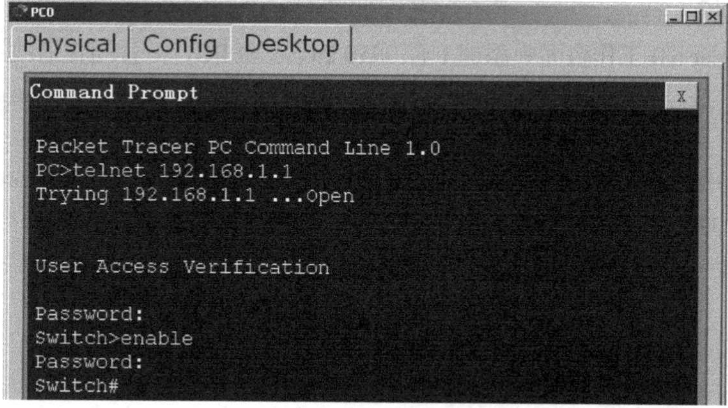

图 2-6　验证 Telnet 连接

实验 3　IOS 的升级

通过 TFTP 服务器，实现交换机 IOS 的升级，网络拓扑结构图如图 2-7 所示。

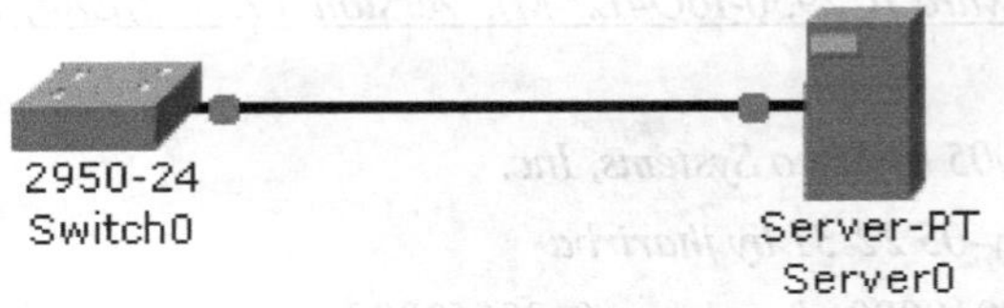

图 2-7　IOS 的升级

1．硬件的连接

在 Packet Tracer 6.0 工作台面中添加 1 台 2950-24、1 台服务器，使用直通线将 Switch0 和 server0 连接起来。

2．软件的设置

① 双击 Server0 打开配置界面，查看 TFTP 服务器运行情况，以及服务器中已有的交换机、路由器的 IOS 文件（.bin），如图 2-8 所示。

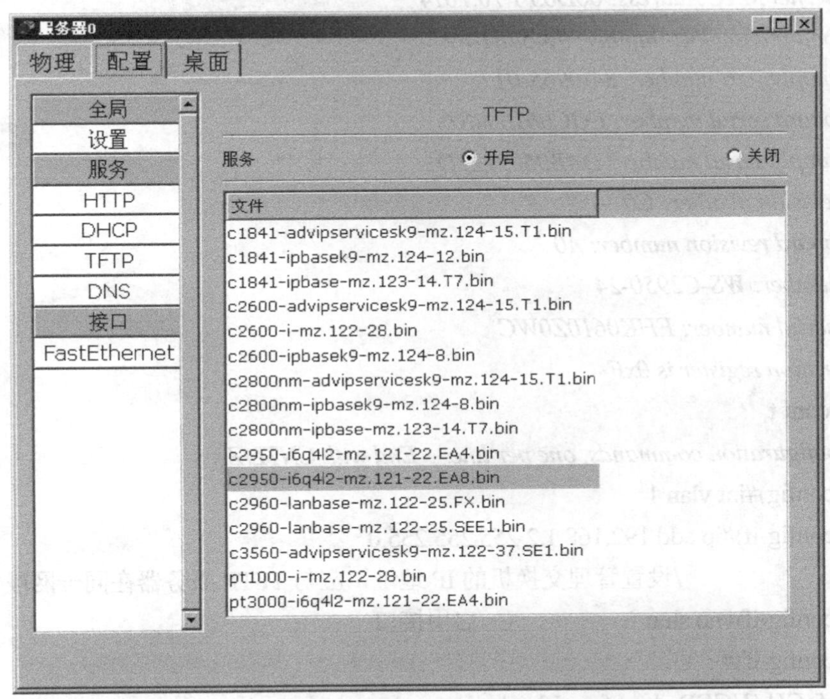

图 2-8　TFTP 服务器

② 设置 TFTP 服务器的 IP 地址为 192.168.1.1/24，设置方法参照图 2-5 及相关说明。

3．交换机的配置

Switch>enable

Switch#show version　　　　　　　　　　/查看交换机当前的 IOS 版本信息

Cisco Internetwork Operating System Software

<u>IOS (tm) C2950 Software (C2950-I6Q4L2-M), Version 12.1(22)EA4, RELEASE SOFTWARE(fc1)</u>
/交换机当前的IOS 版本

Copyright (c) 1986-2005 by cisco Systems, Inc.

Compiled Wed 18-May-05 22:31 by jharirba

Image text-base: 0x80010000, data-base: 0x80562000

ROM: Bootstrap program is is C2950 boot loader

Switch uptime is 20 seconds

System returned to ROM by power-on

Cisco WS-C2950-24 (RC32300) processor (revision C0) with 21039K bytes of memory.

Processor board ID FHK0610Z0WC

Last reset from system-reset

Running Standard Image

24 FastEthernet/IEEE 802.3 interface(s)

63488K bytes of flash-simulated non-volatile configuration memory.

Base ethernet MAC Address: 00D0.FF70.7014

Motherboard assembly number: 73-5781-09

Power supply part number: 34-0965-01

Motherboard serial number: FOC061004SZ

Power supply serial number: DAB0609127D

Model revision number: C0

Motherboard revision number: A0

Model number: WS-C2950-24

System serial number: FHK0610Z0WC

Configuration register is 0xF

Switch#conf t

Enter configuration commands, one per line.   End with CNTL/Z.

Switch(config)#int vlan 1

Switch(config-if)#ip add 192.168.1.2 255.255.255.0

/设置管理交换机的 IP 地址，应与 TFTP 服务器在同一网段

Switch(config-if)#no shut   /启用接口

Switch(config-if)#

%LINK-5-CHANGED: Interface Vlan1, changed state to up

%LINEPROTO-5-UPDOWN: Line protocol on Interface Vlan1, changed state to up

Switch(config-if)#^Z   /使用 Ctrl+Z 快捷键回到特权模式

Switch#

%SYS-5-CONFIG_I: Configured from console by console

Switch#

Switch#copy tftp: flash   /从 TFTP 服务器上导入 IOS

Address or name of remote host []? 192.168.1.1   /TFTP 服务器的 IP 地址

Source filename []? c2950-i6q4l2-mz.121-22.EA8.bin　　　　/用来升级的 IOS 文件

Destination filename [c2950-i6q4l2-mz.121-22.EA8.bin]?　　　　　/按回车确认

Accessing tftp://192.168.1.1/c2950-i6q4l2-mz.121-22.EA8.bin...

Loading c2950-i6q4l2-mz.121-22.EA8.bin

from 192.168.1.1: !!!

[OK - 3117390 bytes]

3117390 bytes copied in 1.953 secs (1596205 bytes/sec)

Switch#show flash

Directory of flash:/

1　-rw-　　3058048　　　<no date> c2950-i6q4l2-mz.121-22.EA4.bin

2　-rw-　　3117390　　　<no date> ***c2950-i6q4l2-mz.121-22.EA8.bin***

64016384 bytes total (57840946 bytes free)

Switch#conf t

Enter configuration commands, one per line.　End with CNTL/Z.

Switch(config)#boot system c2950-i6q4l2-mz.121-22.EA8.bin

Switch(config)#^Z

Switch#

%SYS-5-CONFIG_I: Configured from console by console

Switch#reload

Proceed with reload? [confirm]yC2950 Boot Loader (C2950-HBOOT-M) Version 12.1(11r)EA1, RELEASE SOFTWARE (fc1)

Compiled Mon 22-Jul-02 18:57 by miwang

Cisco WS-C2950-24 (RC32300) processor (revision C0) with 21039K bytes of memory.

2950-24 starting...

Base ethernet MAC Address: 0002.4A6A.D209

Xmodem file system is available.

Initializing Flash...

flashfs[0]: 2 files, 0 directories

flashfs[0]: 0 orphaned files, 0 orphaned directories

flashfs[0]: Total bytes: 64016384

flashfs[0]: Bytes used: 6175438

flashfs[0]: Bytes available: 57840946

flashfs[0]: flashfs fsck took 1 seconds.

...done Initializing Flash.

Boot Sector Filesystem (bs:) installed, fsid: 3

Parameter Block Filesystem (pb:) installed, fsid: 4

Loading "flash:/c2950-i6q4l2-mz.121-22.EA8.bin"...　　　　**/注意启动的映像文件的版本**

[OK]

【任务回顾】

1．选择题

（1）交换机依据什么决定转发数据帧？(　　)

A.IP 地址和 MAC 地址表　　B.MAC 地址和 MAC 地址表

C.IP 地址和路由表　　D.MAC 地址和路由表

（2）下面哪一项不是交换机的主要功能？(　　)

A.学习　　B.监听信道　　C.避免冲突　　D.转发/过滤

（3）下面哪种提示符表示交换机现在处于特权模式？(　　)

A.Switch>　　B.Switch#　　C.Switch(config)#　　D.Switch(config-if)#

（4）在第一次配置一台新交换机时，只能通过哪种方式进行？(　　)

A.通过控制口连接进行配置　　B.通过 Telnet 连接进行配置

C.通过 Web 连接进行配置　　D.通过 SNMP 连接进行配置

（5）要在一个接口上配置 IP 地址和子网掩码，正确的命令是哪个？(　　)

A.Switch(config)#ip address 192.168.11.1

B.Switch(config-if)#ip address 192.168.11.1

C.Switch(config-if)#ip address 192.168.11.1 255.255.255.0

D.Switch(config-if)#ip address 192.168.11.1 netmask 255.255.255.0

（6）应为哪个接口配置 IP 地址，以便管理员可以通过网络连接交换机进行管理？(　　)

A.Fastethernet 0/1　　B.Console　　C.Line vty 0　　D.Vlan 1

2．综合题

（1）交换机有哪几种数据转发模式，各有什么特点？

（2）通过 console 口配置交换机应怎样设置连接参数？

（3）写出配置 Telnet 远程登录管理交换机的步骤和命令。

任务 2　交换机的端口安全

【任务描述】

某职业学院进行校园网改造升级后，领导要求对网络进行严格的控制。小东身为学校网络中心的网络管理员，为了安全和便于管理，防止学校内部的网络攻击和破坏行为，只允许学校员工的主机使用网络，以防止外来计算机非法连接到网络，需要为每一位员工进行 MAC 地址与端口进行绑定。

本任务的目的是通过配置端口的安全地址，控制用户的安全接入。

【预备知识】

1. 常见局域网类型

局域网 LAN 通常是指处于同一幢建筑、同一所大学或方圆几公里以内的专用网络，一般覆盖范围较小。常见局域网类型有以太网、令牌总线网、令牌环网、FDDI 等。

局域网有多种拓扑结构，一般多数网络使用以下 3 种。

① 总线型网络，例如以太网和令牌总线网。

② 环网，例如 IBM 令牌环网。

③ 星型网络，例如目前迅速发展的交换式局域网。

2. 以太网的类型

以太网是一种基于总线型拓扑结构的网络，使用分布式 CSMA/CD（载波侦听多路访问/冲突检测）机制来解决冲突。按速度划分，以太网的类型主要有标准以太网（10Mbit/s）、快速以太网（100Mbit/s）、千兆以太网（1000Mbit/s）。

表 2-3　常见以太网类型

类型	接口	传输介质	传输距离	标准
标准以太网	10Base-T	双绞线	100m	IEEE 802.3
	10Base5	粗同轴电缆	500m	
	10Base2	细同轴电缆	200m	
快速以太网	100Base-TX	双绞线	100m	IEEE 802.3u
	100Base-FX	光纤	单模 2km ～15km 多模 550m～2km	
千兆以太网	1000Base-T	双绞线	100m	IEEE 802.3ab IEEE 802.3z
	1000Base-SX	多模光纤	550m/275m	
	1000Base-LX	单模光纤	2km ～15km	

3. 自协商技术

自协商技术是为了解决以太网设备兼容的问题而制定的，自协商的内容主要包括速度、全双工、流量控制等。对光纤以太网而言，如果光纤两端的配置不同，是不能正确通信的。

4. 智能 MDI/MDIX 识别技术

当前最新的以太网交换机基本上都具备智能 MDI/MDIX 识别技术，可以自动识别连接的网络类型，用户不管采用普通网线或交叉网线均可以正确连接设备。

5. 交换机的端口安全

交换机的端口安全功能是指对交换机的端口进行安全属性的配置，从而控制用户的安全接入。交换机端口安全主要有两种类型，一是限制交换机端口的最大连接数，从而控制交换机端口下连接的主机数，防止用户进行恶意的 ARP 欺骗；二是针对交换机端口进行 MAC 地址、IP 地址的绑

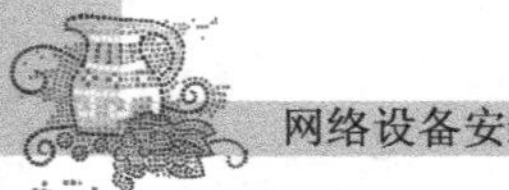

定，从而实现对用户的严格控制。

配置交换机的端口安全功能后，当实际应用超出配置的要求时，将产生一个安全违例，对安全违例的处理方式有以下 3 种。

① protect：当安全地址个数满后，安全端口将丢弃未知名地址的包。

② restrict：当违例产生时，将发送一个 Trap 通知。

③ shutdown：当违例产生时，将关闭端口并发送一个 Trap 通知。

交换机端口安全功能只能在 Access 接口进行配置。

6．交换机端口的配置

（1）端口的开启与关闭的配置命令

表 2-4　端口的开启与关闭的配置命令

命令格式	解释	配置模式
shutdown	关闭端口	端口配置模式
no shutdown	开启端口	

例如：

```
switch(config)#interface fastethernet0/4        /进入端口配置模式
switch(config-if)# no shutdown                  /开启 fastethernet0/4 端口
```

（2）端口速率的配置命令

表 2-5　端口速率的配置命令

命令格式	解释	配置模式
speed　{ 10 | 100 | auto }	配置以太网端口的速率	端口配置模式
No speed	以太网端口的速率恢复为缺省值（自协商 auto）	

例如：

```
switch(config-if)# interface fastethernet0/3    /进入端口配置模式
switch(config-if)#speed   100                   /设置 fastethernet0/3 端口速率为 100Mbit/s
switch(config-if)#no speed                      /恢复 fastethernet0/3 端口速率为 auto
```

（3）配置端口双工方式

表 2-6　配置端口双工方式

命令格式	解释	配置模式
duplex { half | full | auto }	配置以太网端口的速率	端口配置模式
no duplex	以太网端口的速率恢复为缺省值（自协商 auto）	

例如：

```
switch(config-if)# interface fastethernet0/3    /进入端口配置模式
switch(config-if)#duplex   half                 /设置 fastethernet0/3 端口为半双工
switch(config-if)#no duplex                     /恢复 fastethernet0/3 端口双工方式为 auto
```

（4）配置交换机的端口安全

默认为关闭端口安全功能，最大安全地址个数是 128 个。没有安全地址，则违例方式为保护（protect）。

表 2-7　　配置交换机的端口安全命令

命令格式	解释	配置模式
Switchport port-security maximum *M*	配置交换机端口的最大连接数限制	端口配置模式
Switchport port-security violation {protect | restrict | shutdown }	配置产生安全违例的处理方式（默认处理方式为 protect）	
Switchport port-security mac-address *mac-address*	配置交换机端口的 MAC 地址绑定（*mac-address* 为主机的 MAC 地址）	
Show port-security interface [*interface-id*]	查看端口的端口安全配置信息	特权模式
Show port-security address	查看安全地址信息，显示安全地址及老化时间	
Show port-security	查看所有安全端口的统计信息	

违例的处理模式如下所示。

① protect：当安全地址个数满后，安全端口将丢弃未知名地址（不是该端口安全地址中的任一个地址）的包。

② restrict：产生违例时，交换机将丢弃接收到的数据帧（MAC 地址不在安全地址表中），而且将发送一个 SNMP Trap 报文。

③ shutdown：产生违例时，交换机将丢弃接收到的数据帧（MAC 地址不在安全地址表中），发送一个 SNMP Trap 报文，而且关闭端口。

例如：

```
switch(config)# interface fastethernet0/3                          /进入端口配置模式
switch(config-if)# switchport mode access
                                        /设置当前端口为 Access
Switch(config-if)#switchport port-security                         /打开当前端口安全功能
Switch(config-if)#switchport port-security maximum 10              /设置端口安全地址的最大个数
Switch(config-if)#switchport port-security violation shutdown      /配置处理违例的方式
Switch(config-if)#switchport port-security mac-address 006c.3efc.1234   /配置安全地址
Switch(config-if)#end
Switch# Show port-security interface fastethernet0/3               /查看 f0/3 的端口安全配置信息
Switch# Show port-security                                         /查看所有安全端口的统计信息
```

【任务实施】

实验 1　交换机接口技术

由于 PC1 是一台比较旧的主机，使用的是 10Mbit/s 半双工网卡，为了能够实现与其他主机之间的正常访问，应在交换机上进行相应的配置，把连接 PC1 的交换机端口速率设为 10Mbit/s，传输模式为半双工，启用端口，限制交换机端口的最大连接数为 1，并且对交换机端口进行 MAC 地址绑定（假设 PC1 的 MAC 地址为 00-01-C7-E9-6E-C0），从而实现对用户的严格控制。实验拓扑结构图如图 2-9 所示。

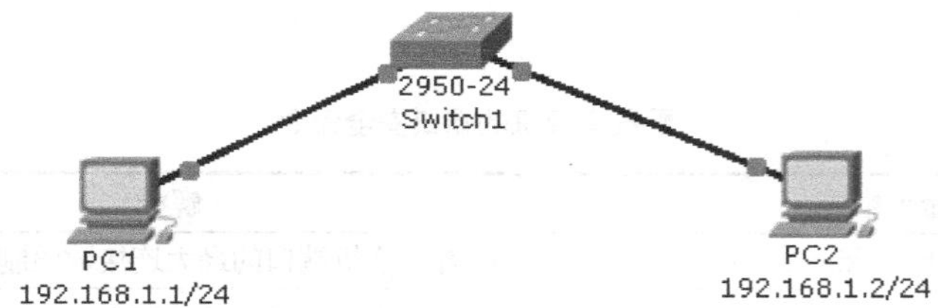

图 2-9 以太接口技术实验

1．硬件的连接

在 Packet Tracer 6.0 工作台面中添加 1 台 2950-24、2 台 PC，并使用直通线进行连接，其中交换机的 F0/1 端口连接 PC1，F0/2 端口连接 PC2。

2．软件的设置

将 PC1、PC2 主机的 IP 地址分别设置为 192.168.1.1 和 192.168.1.2，子网掩码为 255.255.255.0。

在 PC1 的桌面（Desktop）上选择命令行界面（Command Prompt），运行 ipconfig /all 命令查看 PC1 的 MAC 地址（或物理地址），命令运行结果如图 2-10 所示

```
Command Prompt

Packet Tracer PC Command Line 1.0
PC>ipconfig /all

Physical Address................: 0001.C7E9.6EC0
IP Address......................: 192.168.1.1
Subnet Mask.....................: 255.255.255.0
Default Gateway.................: 0.0.0.0
DNS Servers.....................: 0.0.0.0
```

图 2-10 查看主机的 IP 配置情况

其中，0001.C7E9.6EC0 就是 PC1 的 MAC 地址。

3．配置交换机

```
switch>enable
switch#config terminal
switch(config)#int fastethernet 0/1
switch(config-if)#speed 10                    /设置 fastethernet0/1 端口速率为 10Mbit/s
switch(config-if)#duplex half                 /设置 fastethernet0/1 端口为半双工
switch(config-if)#no shutdown                 /启用端口
switch(config-if)#switchport mode access      /设置当前端口为 Access
Switch(config-if)#switchport port-security    /打开当前端口安全功能
Switch(config-if)#switchport port-security maximum 1    /设置端口安全地址的最大个数
Switch(config-if)#switchport port-security violation shutdown    /配置处理违例的方式
Switch(config-if)#switchport port-security mac-address 0001. C7E9. 6EC0    /配置安全地址
```

4．验证

① 在PC1的桌面（Desktop）上选择命令行界面（Command Prompt），运行Ping命令验证PC1与PC2的连接情况，如图2-11所示。

```
Command Prompt
PC>ping 192.168.1.2

Pinging 192.168.1.2 with 32 bytes of data:

Reply from 192.168.1.2: bytes=32 time=109ms TTL=128
Reply from 192.168.1.2: bytes=32 time=62ms TTL=128
Reply from 192.168.1.2: bytes=32 time=62ms TTL=128
Reply from 192.168.1.2: bytes=32 time=62ms TTL=128

Ping statistics for 192.168.1.2:
    Packets: Sent = 4, Received = 4, Lost = 0 (0% loss),
Approximate round trip times in milli-seconds:
    Minimum = 62ms, Maximum = 109ms, Average = 73ms
```

图2-11　验证PC1与PC2的连接情况

② 在交换机上查看F0/1端口配置情况。

```
Switch#show int f0/1
FastEthernet0/1 is up, line protocol is up (connected)
  Hardware is Lance, address is 00e0.8f0b.2601 (bia 00e0.8f0b.2601)    /端口的MAC 地址
 BW 10000 Kbit, DLY 1000 usec,
     reliability 255/255, txload 1/255, rxload 1/255
  Encapsulation ARPA, loopback not set
  Keepalive set (10 sec)
  Half-duplex, 10Mb/s                                                 /已设置为半双工、10Mbit/s
  input flow-control is off, output flow-control is off
  ARP type: ARPA, ARP Timeout 04:00:00
  Last input 00:00:08, output 00:00:05, output hang never
  Last clearing of "show interface" counters never
  Input queue: 0/75/0/0 (size/max/drops/flushes); Total output drops: 0
  Queueing strategy: fifo
  Output queue :0/40 (size/max)
  5 minute input rate 0 bits/sec, 0 packets/sec
  5 minute output rate 0 bits/sec, 0 packets/sec
     956 packets input, 193351 bytes, 0 no buffer
     Received 956 broadcasts, 0 runts, 0 giants, 0 throttles
     0 input errors, 0 CRC, 0 frame, 0 overrun, 0 ignored, 0 abort
     0 watchdog, 0 multicast, 0 pause input
     0 input packets with dribble condition detected
     2357 packets output, 263570 bytes, 0 underruns
     0 output errors, 0 collisions, 10 interface resets
     0 babbles, 0 late collision, 0 deferred
```

```
0 lost carrier, 0 no carrier
0 output buffer failures, 0 output buffers swapped out
```

③ 查看端口 F0/1 的端口安全配置信息。

```
Switch#show port-security interface fastethernet0/1
Port Security                  : Enabled             /当前端口安全功能已打开
Port Status                    : Secure-up
Violation Mode                 : Shutdown            /处理违例的方式：Shutdown
Aging Time                     : 0 mins
Aging Type                     : Absolute
SecureStatic Address Aging : Disabled
Maximum MAC Addresses          : 1                   /端口安全地址的最大个数为 1
Total MAC Addresses            : 1
Configured MAC Addresses       : 1
Sticky MAC Addresses           : 0
Last Source Address:Vlan       : 0001.C7E9.6EC0:1    /安全地址：0001.C7E9.6EC0
Security Violation Count       : 0
```

5．在交换机上查看所有安全端口的统计信息

```
Switch#show port-security
Secure Port MaxSecureAddr CurrentAddr SecurityViolation Security Action
                (Count)       (Count)         (Count)
---------------------------------------------------------------------
      Fa0/1          1            1                    0         Shutdown
----------------------------------------------------------------------
```

6．验证安全端口

添加 PC3 主机，断开 PC1 的线路连接，将 PC3 连接在交换机的 F0/1 接口上，并将 PC3 的 IP 设置为 192.168.1.1/24，拓扑图如图 2-12 所示。

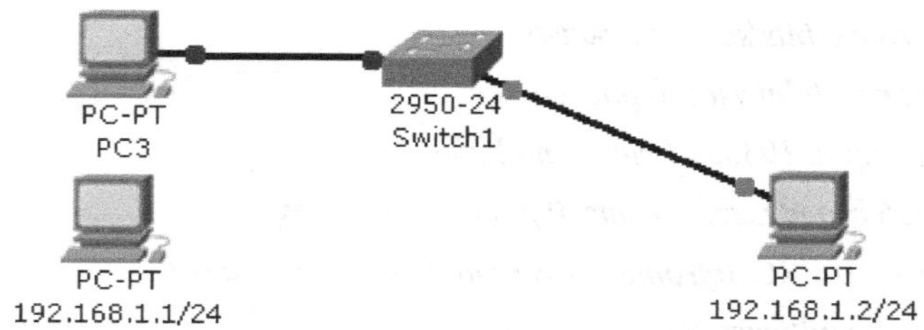

图 2-12　验证安全端口拓扑图

在 PC3 上使用 Ping 命令验证 PC3 与 PC2 的连通性（注意 F0/1 端口的状态变化情况），如图 2-13 所示。

```
Command Prompt

Packet Tracer PC Command Line 1.0
PC>ping 192.168.1.2

Pinging 192.168.1.2 with 32 bytes of data:

Request timed out.
Request timed out.
Request timed out.
Request timed out.

Ping statistics for 192.168.1.2:
    Packets: Sent = 4, Received = 0, Lost = 4 (100% loss),
```

图 2-13　验证 PC3 与 PC2 连通性

由实验结果可见，更换了 PC 后，交换机的 F0/1 端口被关闭，该设置可用于交换机端口与主机 MAC 地址之间的绑定。

【任务回顾】

思考题：

一台交换机的 F0/1 端口通过一个集线器连接了 6 台计算机，请实施交换机端口安全配置，只允许这 6 台计算机接入网络，新接入集线器上的计算机不能接入。

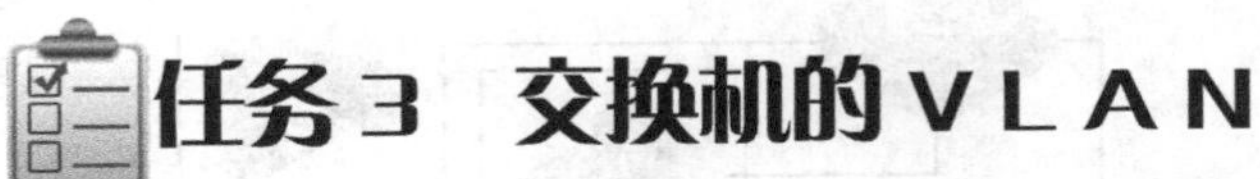

任务 3　交换机的 VLAN

【任务描述】

某职业学院校园网进行扩充改造升级后，由于各科室的办公场地发生变化，因此个人计算机系统连接在不同的交换机上。为了数据安全起见，学校领导要求各科室之间需要相互隔离，不能跨部门访问。小东是学校网络中心的网络管理员，应在交换机上做适当配置来实现这一目标。

本任务的目标是通过配置交换机的 VLAN，掌握 VLAN 的划分，给 VLAN 内添加端口，理解跨交换机之间 VLAN 的特点。

【预备知识】

1．冲突域与广播域

（1）冲突域

一个冲突域是指一个网络范围，在这个范围内，同一时间内只能有一台设备能够发送数据，

若有两台以上设备同时发送数据，就会发生数据冲突。使用集线器或中继器作为中心节点连接网络中的多个节点时，集线器和中继器的所有端口在同一个冲突域中。交换机和网桥是隔离冲突域的数据链路层设备。

（2）广播域

一个广播域也是指一个网络范围，在这个范围内发送一个广播包，区域内的所有设备都能收到这个广播包。默认的情况下，一个广播域代表一个逻辑网段。

2．VLAN

VLAN 即虚拟局域网，可以根据功能、应用或者管理的需要将局域网内部的设备逻辑地划分为一个个网段，从而形成一个个虚拟的工作组，并且不需要考虑设备的实际物理位置，如图 2-14 所示。IEEE 颁布了 IEEE 802.1Q 协议以规定标准化 VLAN 的实现方案。

VLAN 技术的特点在于可以动态地根据需要将一个大的局域网划分成许多不同的广播域。每个广播域即为一个 VLAN，VLAN 和物理上的局域网有相同的属性，不同之处只在于 VLAN 是逻辑的而不是物理的划分，所以 VLAN 的划分不必根据实际的物理位置，而每个 VLAN 内部的广播、组播和单播流量都是与其他 VLAN 隔绝的。

由于 VLAN 基于逻辑连接而不是物理连接，所以它可以提供灵活的用户/主机管理、带宽分配以及资源优化等服务。

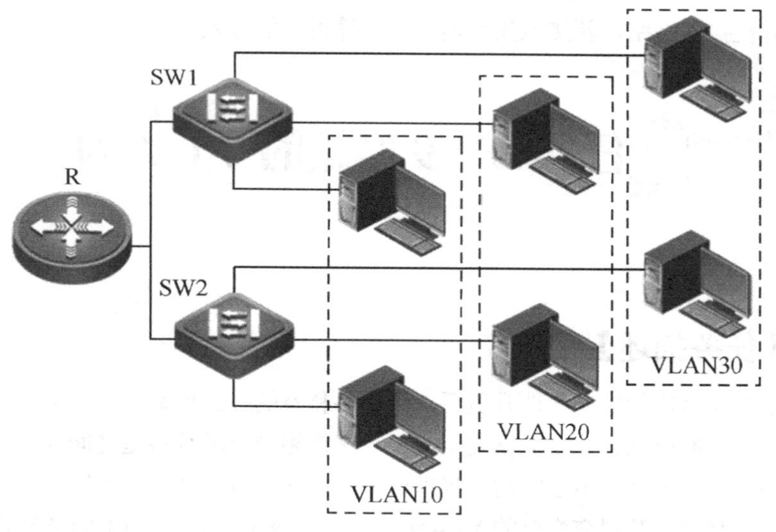

图 2-14　虚拟局域网

3．VLAN 的特点

① 基于逻辑的分组，通过划分不同的用户组，对组之间的访问进行限制。

② 控制不必要的广播报文的扩散，提高网络带宽利用率，减少资源浪费。

③ 在同一 VLAN 内和真实局域网相同，且不受物理位置限制。

④ 不同 VLAN 内用户要通信需要借助三层设备。

4. VLAN 的类型

（1）基于端口的 VLAN

根据以太网交换机的端口来划分，例如将交换机的 1-2 端口、4 端口、15-22 端口划分为 VLAN2，将 3 端口、5-14 端口划分为 VLAN3。

（2）基于 MAC 地址的 VLAN

根据每个主机的 MAC 地址来划分，即对所有主机都根据它的 MAC 地址配置主机属于哪个 VLAN。

（3）基于网络层的 VLAN

根据网络层地址或协议类型进行 VLAN 来划分，如 IP 协议。

（4）基于 IP 组播的 VLAN

根据所属的组播组进行 VLAN 来划分，它将 VLAN 扩大到广域网，具有更大的灵活性，容易通过路由器进行扩展，不适合局域网。

5. 交换机的端口

（1）ACCESS 端口

UnTagged 端口，即接入端口，Access 端口只能属于一个 VLAN。它发送的帧不带有 VLAN 标签，一般用于连接计算机的端口。

（2）Trunk 端口

Tag Aware 端口，即干道接口，可以允许多个 VLAN 通过，它发出的帧一般是带有 VLAN 标签的，一般用于交换机之间连接的端口，或者用于交换机和路由路之间的连接。

IEEE802.1Q 定义了 VLAN 帧格式，所有在干道链路上传输的帧都是打上标记的帧（tagged frame）。通过这些标记，交换机就可以确定哪些帧分别属于哪个 VLAN。

6. VLAN 配置命令

VLAN 配置操作主要包括创建或删除 VLAN，指定或删除 VLAN 名称，为 VLAN 分配交换机端口，设置交换机端口类型，设置 Trunk 端口，设置 Access 端口，打开或关闭端口的 VLAN 入口规则，配置 Private VLAN，设置 Private VLAN 的绑定操作等。

表 2-8 VLAN 配置命令

命令格式	解释	配置模式
vlan <vlan-id>	创建 VLAN 或进入 VLAN 模式	全局配置模式
no vlan <vlan-id>	删除 VLAN	
name <vlan-name>	设置/ VLAN 名称	VLAN 配置模式
no name	删除 VLAN 名称	
switchport interface <interface-list>	为 VLAN 分配交换机端口	
No switchport interface <interface-list>	删除 VLAN 中已分配交换机端口	

续表

命令格式	解释	配置模式
switchport mode {trunk|access}	设置当前端口为 Trunk 或 Access	端口配置模式
switchport trunk allowed vlan {<vlan-list>|all}	设置 Trunk 端口允许通过的 VLAN	
no switchport trunk allowed vlan <vlan-list>	删除 Trunk 端口允许通过的 VLAN	
switchport trunk native vlan <vlan-id>	设置 Trunk 端口的 PVID	
no switchport trunk native vlan	删除 Trunk 端口的 PVID	
switchport access vlan <vlan-id>	将当前端口加入到指定 VLAN	
no switchport access vlan	将当前端口退出到指定 VLAN	
show vlan {id vlan-id | name name |brief }	查看 VLAN 的配置情况	特权模式

【任务实施】

实验 1　单交换机划分 VLAN

学校实训楼中有两个实训室位于同一楼层，一个是网络实训室，另一个是电子商务实训室。两个实训室的信息端口都连接在一台交换机上，现根据实验拓扑结构图连接 PC 和交换机，并进行相应的配置，实现两个实训室的计算机不可以通信，实验拓扑结构图如图 2-15 所示。

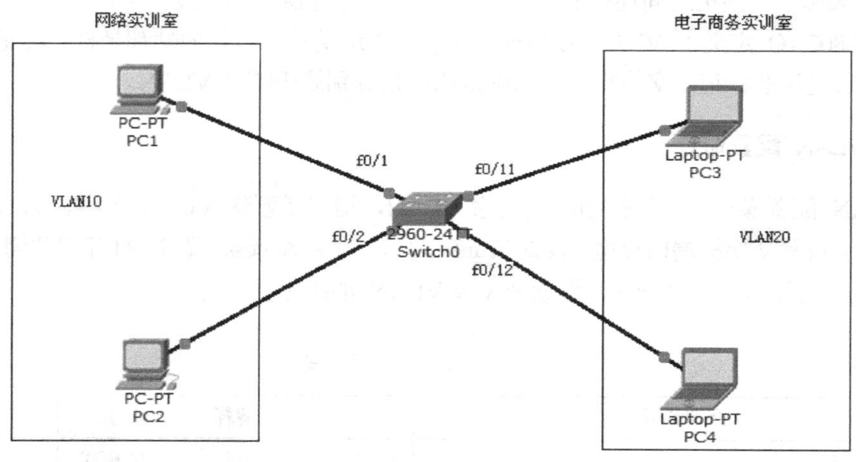

图 2-15　单交换机划分 VLAN

1．硬件连接

在 Packet Tracer 6.0 工作台面中添加 1 台 2960-24TT 交换机和 4 台 PC，并按照拓扑结构图进行连接。

2．软件的设置

按照拓扑结构图设置 PC1、PC2、PC3 和 PC4 的 IP 地址分别设置为 192.168.10.1/24、192.168.10.2/24、192.168.10.3/24 和 192.168.10.4/24，并在 PC0 上使用 Ping 命令测试当前的连接情况。

由测试结果可知，在交换机（Switch0）没有进行任何配置的情况下，PC1、PC2、PC3、PC4 是可以相互访问的。

3．配置交换机

在交换机 Switch0 上进行 VLAN 的配置，具体命令如下：

```
Switch>enable
Switch#conf t
Enter configuration commands, one per line.    End with CNTL/Z.
Switch(config)#vlan 10                          /创建 ID 号为 10 的 VLAN
Switch(config-vlan)#vlan 20                     /创建 ID 号为 20 的 VLAN
Switch(config-vlan)#exit
Switch(config)#int range f0/1-10
Switch(config-if)#sw acc vlan 10                /将当前端口加入到 VLAN 10
Switch(config-if)#exit
Switch(config)# int range f0/11-20
Switch(config-if)#sw acc vlan 20
```

4．验证

（1）查看交换机 VLAN 的配置情况

```
Switch#show vlan brief
VLAN Name                             Status    Ports
---- -------------------------------- --------- -------------------------------
1    default                          active    Fa0/21, Fa0/22, Fa0/23, Fa0/24
                                                Gig1/1, Gig1/2
/所有端口默认都属于 VLAN1，创建 VLAN 时，不能再次创建 VLAN1
10   VLAN0010                         active    Fa0/1, Fa0/2, Fa0/3, Fa0/4
                                                Fa0/5, Fa0/6, Fa0/7, Fa0/8
                                                Fa0/9, Fa0/10
20   VLAN0020                         active    Fa0/11, Fa0/12, Fa0/13, Fa0/14
                                                Fa0/15, Fa0/16, Fa0/17, Fa0/18
                                                Fa0/19, Fa0/20
1002 fddi-default                     active
1003 token-ring-default               active
1004 fddinet-default                  active
```

1005 trnet-default   active

Switch#

也可以使用 show vlan 命令查看交换机 VLAN 的配置情况，或使用 show vlan id 10 查看 VLAN 10（具体 VLAN）的配置情况。

（2）测试网络连通性

在 PC1、PC2 上使用 Ping 命令分别进行连接情况的测试。由测试结果可知，PC1 与 PC2、PC3 与 PC4 可以相互访问，除此之外，其他的都无法相互访问。

实验 2 跨交换机实现 VLAN

根据实验拓扑结构图连接 PC 和交换机，并进行相应的配置，以实现同一 VLAN 间计算机的通信（不同 VLAN 的计算机不可以通信），实验拓扑结构图如图 2-16 所示。

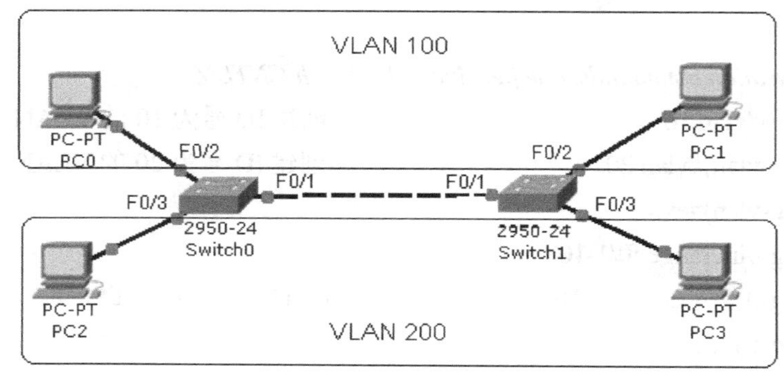

图 2-16 跨交换机实现 VLAN

1. 硬件连接

在 Packet Tracer 6.0 工作台面中添加 2 台 2950-24 交换机和 4 台 PC，并按照拓扑结构图进行连接。

2. 软件的设置

按照拓扑结构图设置 PC0、PC1、PC2 和 PC3 的 IP 地址分别设置为 192.168.100.1/24、192.168.100.2/24、192.168.100.3/24 和 192.168.100.4/24，并在 PC0 上使用 Ping 命令测试当前的连接情况。

由测试结果可知，在交换机（Switch0、Switch1）没有进行任何配置的情况下，PC0、PC1、PC2、PC3 是可以相互访问的。

3. 配置交换机

在交换机 Switch0、Switch1 上进行 VLAN 的配置，具体命令如下：

Switch>enable

Switch#conf t

Enter configuration commands, one per line. End with CNTL/Z.

Switch(config)#vlan 100   /创建 ID 号为 100 的 VLAN

```
Switch(config-vlan)#vlan 200                          /创建 ID 号为 200 的 VLAN
Switch(config-vlan)#int f0/2
Switch(config-if)#sw acc vlan 100                     /将当前端口加入到 VLAN 100
Switch(config-if)#int f0/3
Switch(config-if)#sw acc vlan 200
Switch(config-if)#int f0/1
Switch(config-if)#sw mode trunk                       /设置当前端口为 Trunk 端口
Switch(config-if)#
%LINEPROTO-5-UPDOWN: Line protocol on Interface FastEthernet0/1, changed state to down
%LINEPROTO-5-UPDOWN: Line protocol on Interface FastEthernet0/1, changed state to up
Switch(config-if)#sw trunk allow vlan all             /设置 Trunk 端口允许所有的 VLAN 通过
```

4．验证

（1）查看交换机 VLAN 的配置情况

```
Switch#show vlan brief
VLAN Name                             Status    Ports
---- -------------------------------- --------- -------------------------------
1    default                          active    Fa0/4, Fa0/5, Fa0/6, Fa0/7
                                                Fa0/8, Fa0/9, Fa0/10, Fa0/11
                                                Fa0/12, Fa0/13, Fa0/14, Fa0/15
                                                Fa0/16, Fa0/17, Fa0/18, Fa0/19
                                                Fa0/20, Fa0/21, Fa0/22, Fa0/23
                                                Fa0/24
          /所有端口默认都属于 VLAN1，创建 VLAN 时，不能再次创建 VLAN1
100  VLAN0100                         active    Fa0/2
200  VLAN0200                         active    Fa0/3
1002 fddi-default                     active
1003 token-ring-default               active
1004 fddinet-default                  active
1005 trnet-default                    active
```

也可以使用 show vlan 命令查看交换机 VLAN 的配置情况，或使用 show vlan id 100 查看 VLAN 100（具体 VLAN）的配置情况。

（2）测试网络连通性

在 PC0、PC2 上使用 Ping 命令分别进行连接情况的测试。由测试结果可知，PC0 与 PC1、PC2 与 PC3 可以相互访问，除此之外，其他的都无法相互访问。

【任务回顾】

1．选择题

（1）一个 Access 接口可以属于多少个 VLAN？(　)

A.仅一个 VLAN　　B.最多 64 个 VLAN

C.最多 4094 个 VLAN　　D.依据管理员设置的结果而定

（2）管理员设置交换机 VLAN 时，可用的 VLAN 号范围是（　　）

A.0-4096　　B.1-4096　　C.0-4095　　D.1-4094

（3）当要使一个 VLAN 跨越两台交换机时，需要哪个特性支持？(　)

A.用三层交换机连接两层交换机　　B.用 Trunk 接口；连接两台交换机

C.用路由器连接 2 台交换机　　D.2 台交换机上 VLAN 的配置必须相同

（4）交换机 Access 接口和 Trunk 接口有什么区别？(　)

A.Access 接口只能属于 1 个 VLAN，而一个 Trunk 接口可以属于多个 VLAN

B.Access 接口只能发送不带 tag 的帧，而 Trunk 接口只能发送带有 tag 的帧

C.Access 接口只能接收不带 tag 的帧，而 Trunk 接口只能接收带有 tag 的帧

D.Access 接口的默认 vlan 就是它所属的 vlan，而 Trunk 接口可以指定默认 VLAN

（5）关于 VLAN 下面说法正确的是（　　）。

A.隔离广播域　　B.相互通信要通过三层设备

C.可以限制上的计算机互相访问的权限　　D.只能在同一交换机上的主机进行逻辑分组

2．综合题

（1）VLAN 是什么？VLAN 有什么作用？

（2）划分 VLAN 有哪些依据？各有什么特点？

（3）按处理 VLAN 数据帧的不同，交换机端口分成哪几种类型？它各自的作用是什么？

（4）自行设计网络拓扑结构，进行跨交换机 VLAN 的配置。

（5）通过实验，看能否把同一台计算机同时加入到不同的 VLAN 中吗？

任务 4　VLAN 间的通信

【任务描述】

某职业学院校园网进行扩充改造升级后，各科室之间需要相互隔离，不能跨部门访问。现在，领导为了提高网络性能，新购进一台三层交换机，要求对数据进行过滤，从而实现不同部门的计算机能够相互通信。小东是学校网络中心的网络管理员，应在三层交换机上做适当配置来实现这一目标。

本任务的目标是通过配置三层交换机的 SVI 端口，掌握校园内部隔离的部门网络之间实现互相通信的配置。

【预备知识】

1. 三层交换机

二层交换机和路由器在功能上的集成构成了三层交换机，三层交换机在功能上实现了 VLAN 的划分、VLAN 内部的二层交换和 VLAN 间路由功能。

三层交换机简化了 IP 转发流程，使用专用的芯片实现了硬件的转发，绝大多数的报文处理都在硬件中实现，只有极少数的报文需要使用软件转发，极大地提升了转发性能。

2. 三层接口

不同的 IP 网段之间的访问要跨越 VLAN，要使用三层转发引擎提供的 VLAN 间路由功能（相当于路由器）。在 VLAN 指定三层接口的操作实际上就是为 VLAN 指定一个 IP 地址、子网掩码和 MAC 地址。MAC 地址是在设置制造过程中分配的，在配置过程中由交换机自动配置。

3. 三层接口的配置命令

表 2-9　　三层接口的配置命令

命令格式	解释	配置模式
interface vlan <*vlan-id*>	创建一个 VLAN 接口，（VLAN 接口属于三层接口）,*vlan-id* 为 VLAN ID	全局配置模式
no interface vlan <*vlan-id*>	删除交换机创建的 VLAN 接口（三层接口）	
ip routing	三层交换机开启路由功能	
no ip routing	关闭路由功能	
ip address <*ip address*> <*mask*>	为端口指定 IP 地址，*ip address* 为 IP 地址，*mask* 为子网掩码，以下同	端口配置模式
no ip address <*ip address*> <*mask*>	删除端口的 IP 地址	

出厂时没有三层接口，在创建 VLAN 接口（三层接口）前，需要先配置 VLAN。

4. 三层交换机路由的配置

在三层交换机上配置默认路由、静态路由、RIP 路由、OSPF 路由的方法请参考路由器配置的相关章节。

5. 单臂路由

将路由器与交换机相连接，使用 IEEE 802.1Q 来启动一个路由上的子接口，使其成为干道模式，就可以实现交换机 VLAN 之间的通信，一般称这种方式为单臂路由。主要命令如表 2-10 所示。

表 2-10　　单臂路由命令

<table>
<tr><th>命令格式</th><th>解释</th><th>配置模式</th></tr>
<tr><td>interface FastEthernet 槽号/物理接口序号.子接口序号</td><td>创建一个以太网子接口</td><td>全局配置模式</td></tr>
<tr><td>encapsulation dot1Q VLAN ID</td><td>配置 VLAN 封装标识，封装 802.1Q 标准并指定 VLAN ID</td><td rowspan="3">子端口配置模式</td></tr>
<tr><td>ip address <<i>ip address</i>> <<i>mask</i>></td><td>为子端口指定 IP 地址</td></tr>
<tr><td>no ip address <<i>ip address</i>> <<i>mask</i>></td><td>删除子端口的 IP 地址</td></tr>
</table>

例如：

```
Router>enable
Router# config terminal
Router (config) #interface FastEthernet0/0.10
Router (config-subif) #encapsulation dot1Q 10
Router (config-subif) #ip address 192.168.10.2 255.255.255.0
```

特别提示

① VLAN ID 必须与交换机中的一个 VLAN ID 一致，指示子接口承载哪个 VLAN 的流量。

② 应先封装 802.1Q 再配置 IP 地址。

【任务实施】

实验 1　配置 VLAN 间的通信

使用三层交换机实现 VLAN 间的通信，实验拓扑结构图如图 2-17 所示。

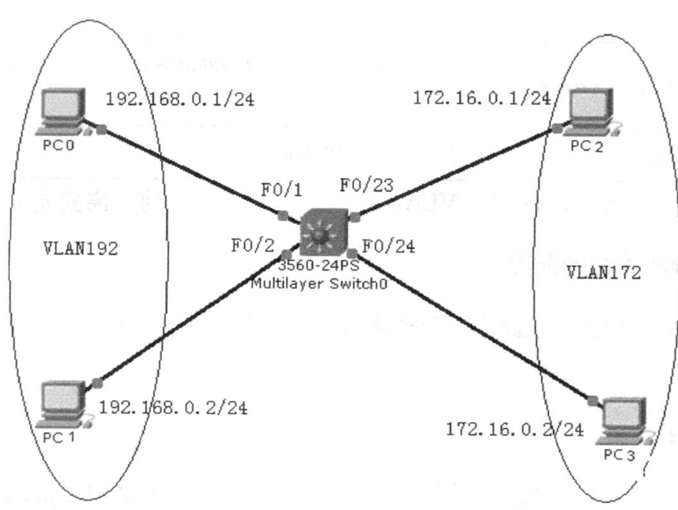

图 2-17　三层交换机实现 VLAN 间的通信

1. 硬件连接

在 Packet Tracer 6.0 工作台面中添加个 1 台 3560-24PS 交换机和 4 台 PC，并按照拓扑结构图进行连接。

2. 软件的设置

按照拓扑结构图设置 PC0、PC1、PC2 和 PC3 的 IP 地址，并在 PC0、PC2 上使用 Ping 命令测试当前的连接情况。

由测试结果可知，在交换机 3560-24PS 没有进行任何配置的情况下，PC0 与 PC 1 可以通信，PC2 与 PC3 可以通信，但 PC0、PC 1 与 PC2、PC3 不能通信。

3. 交换机的配置

```
Switch>en
Switch#conf t
Switch(config)#int f0/1
Switch(config-if)#sw acc vlan 192
Switch(config-if)#int f0/2
Switch(config-if)#sw acc vlan 192
Switch(config-if)#int f0/23
Switch(config-if)#sw acc vlan 172
Switch(config-if)#int f0/24
Switch(config-if)#sw acc vlan 172
Switch(config-if)#int vlan 192
Switch (config-if)#ip add 192.168.0.254 255.255.255.0
                                        /为 VLAN192 的三层接口指定 IP 地址
Switch(config-if)#int vlan 172
Switch(config-if)#ip add 172.16.0.254 255.255.255.0
                                        /为 VLAN172 的三层接口指定 IP 地址
Switch(config-if)#exit
Switch(config)#ip routing
Switch(config)#exit
```

4. 验证

① 使用 Show vlan 命令查看交换机 VLAN 的配置情况。

② 测试网络连通性。

将 PC0、PC1 的网关设置为 192.168.0.254（VLAN192 的三层接口的 IP 地址），将 PC2、PC3 的网关设置为 172.16.0.254（VLAN172 的三层接口的 IP 地址）。

从 PC0 上 Ping PC2 和 PC3，从 PC2 上 Ping PC0 和 PC1，验证网络是否已实现互连互通。

实验 2　单臂路由的配置

使用单臂路由实现 VLAN 间的通信，实验拓扑结构如图 2-18 所示。

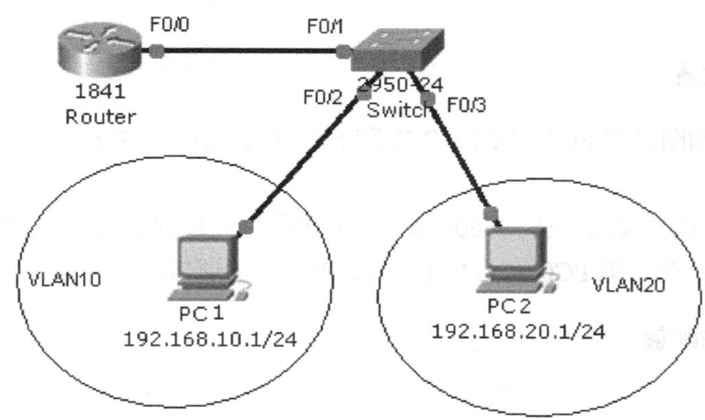

图 2-18　通过路由器实现 VLAN 间的通信

1．硬件连接

在 Packet Tracer 6.0 工作台面中添加个 1 台 1841 路由器、1 台 2950-24 交换机和两台 PC，并按照拓扑结构图进行连接。

2．软件的设置

按照拓扑结构图设置 PC1 和 PC2 的 IP 地址，并在 PC1 上使用 Ping 命令测试当前的连接情况。由测试结果可知，在 1841 路由器和 2950-24 交换机没有进行任何配置的情况下，PC1 与 PC 2 不可以通信。

3．交换机的配置

（1）2950-24 交换机的配置

```
Switch>en
Switch#conf t
Enter configuration commands, one per line.  End with CNTL/Z.
Switch(config)#vlan 10
Switch(config-vlan)#vlan 20
Switch(config-vlan)#int f0/2
Switch(config-if)#sw access vlan 10
Switch(config-if)#int f0/3
Switch(config-if)#sw access vlan 20
Switch(config-if)#int f0/1
Switch(config-if)#sw mode trunk
Switch(config-if)#sw trunk allow vlan all
```

```
Switch(config-if)#
```

（2）1841 路由器的配置

```
Router>en
Router#conf t
Enter configuration commands, one per line.    End with CNTL/Z.
Router(config)#int f0/0
Router(config-if)#no shut
%LINK-5-CHANGED: Interface FastEthernet0/0, changed state to up
%LINEPROTO-5-UPDOWN: Line protocol on Interface FastEthernet0/0, changed state to up
Router(config-if)#exit
Router(config)#int f0/0.10                          /为 F0/0 创建一个以太网子接口.10
Router(config-subif)#
%LINK-5-CHANGED: Interface FastEthernet0/0.10, changed state to up
%LINEPROTO-5-UPDOWN: Line protocol on Interface FastEthernet0/0.10, changed state to up
Router(config-subif)#encapsulation dot1Q 10         /封装 802.1Q，注意与 VLAN ID 一致
Router(config-subif)#ip add 192.168.10.2 255.255.255.0        /设置子接口 IP 地址
Router(config-subif)#exit
Router(config)#int f0/0.20
Router(config-subif)#
%LINK-5-CHANGED: Interface FastEthernet0/0.20, changed state to up
%LINEPROTO-5-UPDOWN: Line protocol on Interface FastEthernet0/0.20, changed state to up
Router(config-subif)#encapsulation dot1Q 20
Router(config-subif)#ip add 192.168.20.2 255.255.255.0
```

4．验证

① 使用 show vlan 命令查看交换机的 VLAN 和 Trunk 配置。

② 查看路由器的路由表。

```
Router#show ip route
Codes: C - connected, S - static, I - IGRP, R - RIP, M - mobile, B - BGP
       D - EIGRP, EX - EIGRP external, O - OSPF, IA - OSPF inter area
       N1 - OSPF NSSA external type 1, N2 - OSPF NSSA external type 2
       E1 - OSPF external type 1, E2 - OSPF external type 2, E - EGP
       i - IS-IS, L1 - IS-IS level-1, L2 - IS-IS level-2, ia - IS-IS inter area
       * - candidate default, U - per-user static route, o - ODR
       P - periodic downloaded static route

Gateway of last resort is not set
C       192.168.10.0/24 is directly connected, FastEthernet0/0.10
C       192.168.20.0/24 is directly connected, FastEthernet0/0.20
```

③ 测试网络连通性。

将 PC1 的网关设置为 192.168.10.2，将 PC2 的网关设置为 192.168.20.2，从 PC1 上 Ping PC2，验证网络是否已实现互连互通。

【任务回顾】

1．选择题

（1）在局域网内使用 VLAN 的好处是什么？（　　）

A.可以简化网络管理员的配置工作量

B.广播可以得到控制

C.局域网的容量可以扩大

D.可以通过部门等将用户分组，打破了物理位置的限制

（2）关于 SVI 接口的描述哪些是正确的？（　　）

A.SVI 接口是虚拟的逻辑接口

B.SVI 接口的数量是由管理员设置的

C.SVI 接口可以配置 IP 地址作为 VLAN 的网关

D.只在三层交换机具有 SVI 接口

（3）下面哪一条命令可以正确地为 VLAN 5 定义一个子接口？（　　）

A.Router(config-if)#encapsulation dot1q 5

B.Router(config-if)#encapsulation dot1q vlan 5

C.Router(config-subif)# encapsulation dot1q 5

D.Router(config-subif)# encapsulation dot1q vlan 5

（4）IEEE 制定实现 Tag VLAN 使用的是什么标准？（　　）

A.IEEE 802.1W　　　B.IEEE 802.1AD　　　C.IEEE 802.1Q　　　D.IEEE 802.1X

（5）下面关于单臂路由描述不正确的是（　　）。

A.单臂路由利用一个路由端口可以实现多个 VLAN 间路由，对路由端口的使用效率更好

B.与 SVI 方式实现 VLAN 间路由相比，限制了 VLAN 网络的灵活部署

C.在配置单臂路由时，可以在各子端口上封装 802.1Q 协议，也可以不封装 802.1Q 协议

D.多个 VLAN 的流量都要通过一个物理端口转发，容易在此端口形成网络瓶颈

2．综合题

（1）SVI 是什么？在三层交换机上怎样配置 SVI 来实现 VLAN 间的通信？

（2）自行设计网络拓扑结构，配置 VLAN 之间的通信。

任务 5　冗余链路

【任务描述】

某职业学院校园网进行扩充改造升级后，近期发现连接在网络中的多台服务器访问很慢及无法连接。因此，领导为了提高网络的可靠性，要求提高交换机的传输带宽，防止广播风暴的产生，提高网络的冗余备份。小东是学校网络中心的网络管理员，应在交换机上做适当配置来实现这一目标。

本任务的目标是通过配置网络中的冗余链路，掌握交换机的 STP、端口聚合的配置。

【预备知识】

1．冗余交换

要使网络更加可靠，减少故障影响的一个重要方法就是“冗余”。冗余拓扑的目的是减少网络因单点故障引起的停机损耗，所有的网络都需要利用冗余来提高可靠性。

图 2-19 所示为冗余拓扑结构的交换网络，交换机 1 的 F0/1 端口与交换机 3 的 F0/1 端口之间的链路就是一个冗余备份连接。当主链路（交换机 1 的 F0/2 与交换机 2 的 F0/2 的端口之间链路，或者交换机 2 的 F0/1 与交换机 3 的 F0/2 之间的链路）出现故障时，访问文件服务器的流量会从这条备份链路里传输，从而提高网络的整体可靠性。

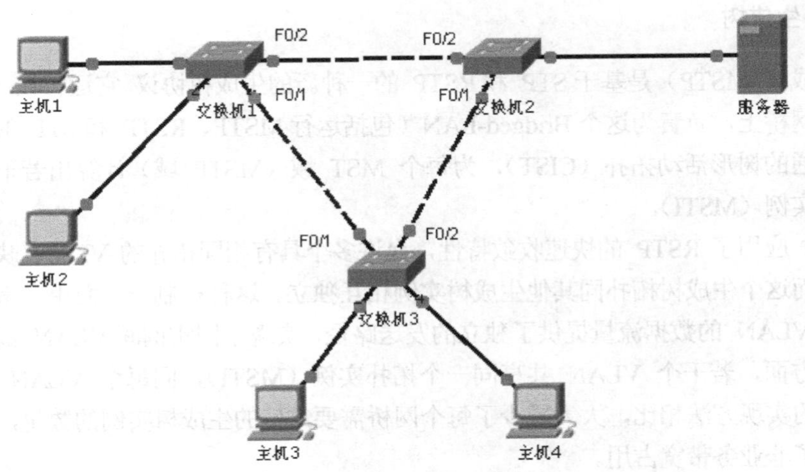

图 2-19　冗余拓扑结构的交换网络

基于交换机的冗余拓扑会使网络的物理拓扑形成环路，物理层的环路结构很容易引起广播风暴、多帧复制和MAC地址表抖动等问题，这些问题将导致网络不可用。

（1）广播风暴

图2-19所示的冗余拓扑结构的交换网络中，如果在没有避免交换环路措施的情况下，每个交换机都无尽地转发广播帧，这种情况通常叫做“广播风暴”。

（2）多帧复制

多帧复制会造成目的站点收到某个数据帧的多个副本，浪费了目的资源，还会导致上层协议在处理这些数据帧时无从选择，严重时还可能导致不可恢复的错误。

（3）MAC地址表抖动

MAC地址表抖动也就是MAC地址表不稳定，这是由相同帧的拷贝在交换机的不同端口上被接收引起的。如果交换机将资源都消耗在复制不稳定的MAC地址表上，那么数据转发的功能就可能被削弱。

2. 生成树协议

生成树协议（Spanning Tree Protocol，STP）可应用于环路网络，通过一定的算法实现路径冗余，同时将环路网络修剪成无环路的树型网络，从而避免报文在环路网络中的增生和无限循环。STP消除了环路，但同时也使得备份链路处于阻塞的状态，带宽不能被利用。

STP的主要思想：当网络中存在备份链路时，只允许主链路被激活，只有在主链路出现故障被断开后，备用链路才会被打开。

3. 快速生成树

快速生成树协议（Rapid Spaning Tree Protocol，RSTP）是802.1W由802.1D发展而成的，这种协议在网络结构发生变化时，能更快地收敛网络。它比802.1D多了两种端口类型——预备端口类型（Alternate Port）和备份端口类型。

4. 多生成树

多生成树（MSTP）是基于STP和RSTP的一种新的生成树协议。它运行在一个Bridged-LAN里的所有网桥上，负责为这个Bridged-LAN（包括运行MSTP、RSTP和STP的网桥）计算出一个简单连通的树形活动拓扑（CIST），为每个MST域（MSTP域）计算出若干个各自独立的多重生成树实例（MSTI）。

MSTP应用了RSTP的快速收敛特性，允许多个具有相同拓扑的VLAN映射到一个生成树实例上，而这个生成树拓扑同其他生成树实例相互独立。这种机制一方面用多重生成树实例为映射到它的VLAN的数据流量提供了独立的发送路径，实现不同实例间VLAN数据流量的负载分担；另一方面，若干个VLAN共享同一个拓扑实例（MSTI），同每个VLAN对应一个生成树（PVST）的实现方法相比，大大减少了每个网桥需要维持的生成树实例的数量，节约了CPU资源，降低了非业务带宽占用。

5. 以太网端口聚合

端口聚合技术是指把多个物理端口捆绑在一起形成一个简单的逻辑端口，这个逻辑端口被称

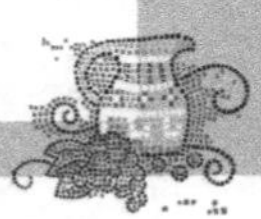

为聚合端口。

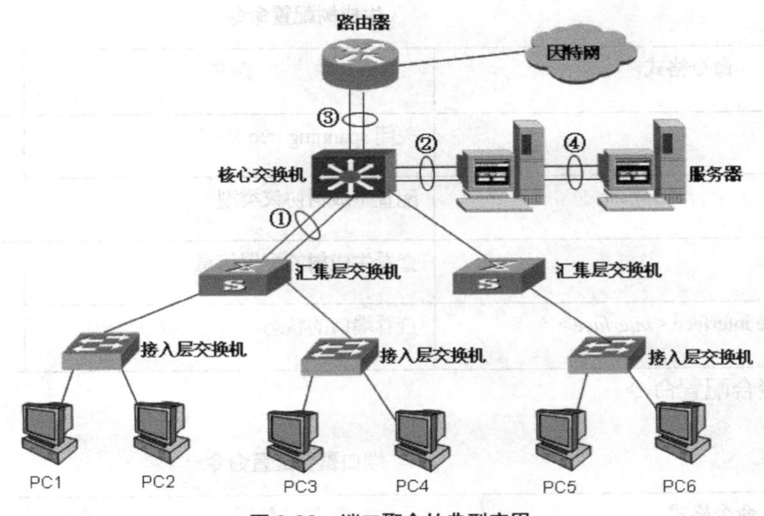

图 2-20 端口聚合的典型应用

图 2-20 所示为端口聚合的典型应用。

① 交换机之间的连接如图 2-20 中①所示。交换机之间采用 2 个 100Mbit/s 的端口捆绑成 200Mbit/s，增加了网络带宽，同时也加强了网络的可靠性。

② 交换机与高速服务器的连接如图 2-20 中②所示。许多大型服务器具备多个 100Mbit/s 的网卡，可将多个网卡捆绑成具有更高带宽的接口，满足服务器访问量增大的需求。

③ 交换机与路由器的连接如图 2-20 中③所示，主要用于提高网络的可靠性。

④ 高速服务器（或路由器）之间的连接如图 2-20 中④所示。

端口聚合技术将多个物理端口捆绑在一起，形成一个逻辑端口，增大了链路带宽，同时具有链路冗余的作用。在网络出现故障断开其中一条链路或多条链路时，剩下的链路还可以工作。

在网络的骨干链路上，一般情况下不仅需要备份链路，也需要更大的带宽和传输能力，这时就需要使用端口聚合技术了。

链路聚合技术的标准为 IEEE 802.3ad，链路聚合控制协议 LACP 是 IEEE 802.3ad 标准的主要内容之一，定义了一种标准的聚合控制方式。

6. 流量平衡

流量平衡指的是聚合端口根据报文的 MAC 地址或 IP 地址将流量平均分配到聚合端口的成员链路中去。在实际工作中，应该根据不同的网络环境设置合适的流量分配方式，以便能把流量比较均匀地分配到各个链路上，充分利用网络的带宽。

流量平衡可以根据源 MAC 地址、目的 MAC 地址、源 IP 地址或源 IP 地址/目的 IP 地址对等方式进行设置。

7. 配置命令

（1）生成树配置命令

表 2-11 生成树配置命令

命令格式	解释	配置模式
no spanning-tree	关闭 spanning tree 协议	全局配置模式
spanning-tree mode *pvst* | *rapid-pvst*	配置生成树协议类型	
show spanning-tree	查看生成树的配置信息	特权模式
show spanning-tree interface <*interface*>	查看端口的状态	

（2）端口聚合配置命令

表 2-12 端口聚合配置命令

命令格式	解释	配置模式
interface range <*interface-list*>	同时配置多个端口	全局配置模式
channel-group <*number*> mode<*active*|*auto*|*desirable*|*on*|*passive*>	将物理端口加入到 Channel Group 中 *Number: Channel Group 的组号* *Active：启动端口的 LACP 协议，并设置为 Active 模式* *passive：启动端口的LACP 协议，并设置为 passive 模式* *On：强制端口加入 Channel Group，不启动 LACP 协议*	端口配置模式
channel-protocol <*lacp*|*pagp*>	选择链路聚合协议	
interface port-channel <*number*>	进入 Port Channel 端口	特权模式
show etherchannel port-channel	查看 Port Channel 的配置信息	

Channel Group 是配置层上的一个物理端口组，配置到 Channel Group 中的物理端口才能参加链路汇聚，并成为 Port Channel 的成员端口。Port Channel 是一组物理端口的集合体，在逻辑上被当作一个物理端口，可以将这个 Port Channel 当作一个端口来使用。

特别提示

为了使 Port Channel 正常工作，本交换机的 Port Channel 成员端口必须具备以下条件。

① 端口均为全双工模式。
② 端口速率相同。
③ 端口类型一致，如同为光纤口或同为以太网口。
④ 同为 Trunk 端口，或同为 Access 端口并同属于一个 VLAN。
⑤ 同为 Trunk 端口，则 Native VLAN 和 Allowed VLAN 属性应该相同。

（3）流量平衡配置命令（三层交换机）

表 2-13　　　　　　　　　　　　　流量平衡配置命令

命令格式	解释	配置模式
no switchport	将端口设置为 3 层模式	端口配置模式
ip address <*ip-address*> <*mask*>	配置 IP 地址和子网掩码	
port-channel load-balance <*dst-ip* |*dst-mac* |*src-dst-ip* |*src-dst-mac* |*src-ip* |*src-mac*>	设置 port-channel 的流量平衡 *dst-ip：根据输入报文的目的 IP 地址进行流量分配* *dst-mac：根据输入报文的目的 MAC 地址进行流量分配* *src-dst-ip：根据输入报文的源/目的 IP 地址对进行流量* *src-dst-mac：根据输入报文的源/目的 MAC 地址对进行流量* *src-ip：根据输入报文的源 IP 地址进行流量分配* *src-mac：根据输入报文的源 MAC 地址进行流量分配*	全局配置模式
no port-channel load-balance	恢复流量平衡设置为默认值	

【任务实施】

实验 1　生成树配置

启用生成树协议，避免网络出现环路，实验拓扑结构如图 2-21 所示。

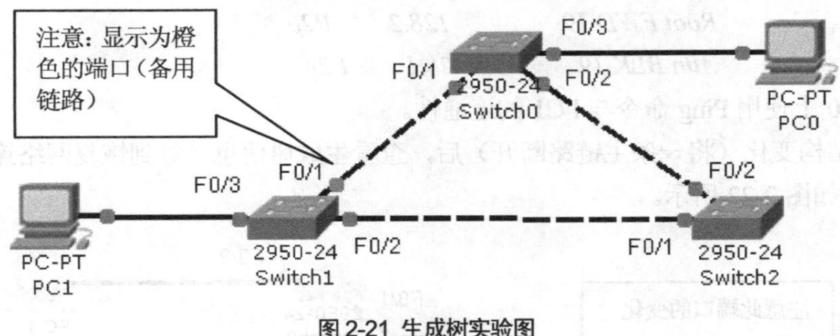

图 2-21　生成树实验图

1．硬件连接

在 Packet Tracer 6.0 工作台面中添加 3 台 2950-24 交换机和 2 台 PC，并按照拓扑结构图进行连接。

2．软件设置

将 PC0、PC1 主机的 IP 地址分别设置为 192.168.1.1 和 192.168.1.2，子网掩码为 255.255.255.0。

3．交换机（Switch0、Switch1、Switch2）的配置

```
Switch>en
```

```
Switch#conf t
Switch(config)#spanning-tree mode pvst          /配置生成树协议类型为 pvst
```

4．验证

① 不改变拓扑结构前，查看生成树配置信息。

```
Switch#show spanning-tree                              /查看生成树配置信息
VLAN0001
  Spanning tree enabled protocol ieee                  /生成树运行状态和生成树协议
  Root ID    Priority    32769                         /交换机的优先级
             Address     0002.16B5.9D8B
             Cost        19
             Port        2(FastEthernet0/2)
             Hello Time   2 sec  Max Age 20 sec  Forward Delay 15 sec
  Bridge ID  Priority    32769  (priority 32768 sys-id-ext 1)
             Address     00E0.B0A6.D4ED
             Hello Time   2 sec  Max Age 20 sec  Forward Delay 15 sec
             Aging Time  20
Interface        Role Sts Cost      Prio.Nbr Type
---------------- ---- --- --------- -------- --------------------------------
Fa0/3            Desg FWD 19        128.3    P2p
Fa0/2            Root FWD 19        128.2    P2p
Fa0/1            Altn BLK 19        128.1    P2p
```

② 在 PC0 上使用 Ping 命令与 PC1 的连通性。

③ 拓扑结构变化（将一条主链路断开）后，查看生成树信息（等到恢复网络连接后），变化后的拓扑结构如图 2-22 所示。

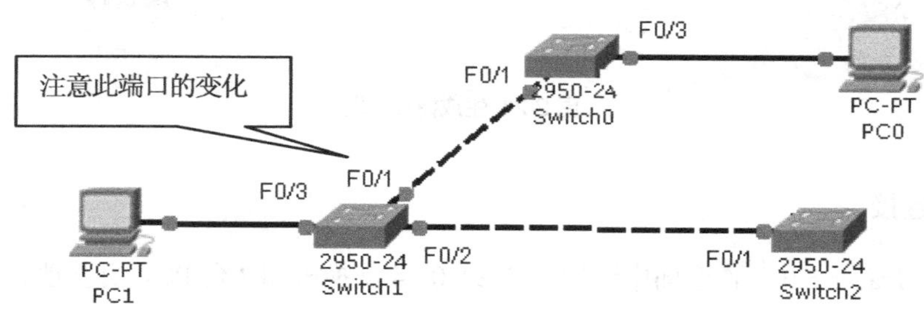

图 2-22　断开主链路

```
Switch#show spanning-tree
VLAN0001
  Spanning tree enabled protocol ieee
  Root ID    Priority    32769
             Address     0002.16B5.9D8B
```

```
        Cost         19
        Port         2(FastEthernet0/2)
        Hello Time   2 sec   Max Age 20 sec   Forward Delay 15 sec
Bridge ID  Priority     32769  (priority 32768 sys-id-ext 1)
        Address      00E0.B0A6.D4ED
        Hello Time   2 sec   Max Age 20 sec   Forward Delay 15 sec
        Aging Time   20
Interface        Role Sts Cost      Prio.Nbr Type
---------------- ---- --- --------- -------- --------------------------------
Fa0/3            Desg FWD 19        128.3    P2p
Fa0/2            Root FWD 19        128.2    P2p
Fa0/1            Desg FWD 19        128.1    P2p
```

④ 在 PC0 上使用 Ping 命令与 PC1 的连通性。

实验 2　端口聚合配置

在不更新设备的前提下，通过配置端口聚合提高交换机之间的传输速率，实验拓扑结构，如图 2-23 所示。

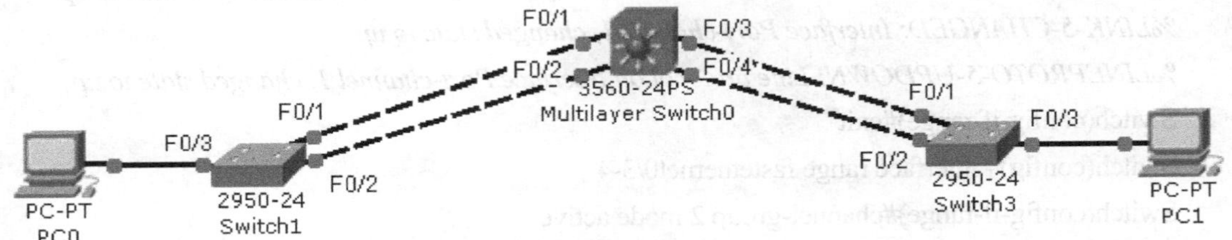

图 2-23　端口聚合实验

1．硬件连接

在 Packet Tracer 6.0 工作台面中添加 3 台 2950-24 交换机、1 台 3560-24PS 交换机和 2 台 PC，并按照拓扑结构图进行连接。

2．软件设置

将 PC0、PC1 主机的 IP 地址分别设置为 192.168.1.1 和 192.168.1.2，子网掩码为 255.255.255.0。

3．交换机的配置

（1）Switch 1 交换机的配置

```
Switch>en
Switch#conf t
Enter configuration commands, one per line.    End with CNTL/Z.
Switch(config)#interface range fastethernet0/1-2          /同时配置 fastethernet0/1 和 0/2 端口
Switch(config-if-range)#channel-group 1 mode active   /将端口加入到 Channel Group 1 中
```

（2）Switch 3 交换机的配置

```
Switch>en
Switch#conf t
Enter configuration commands, one per line.    End with CNTL/Z.
Switch(config)#interface range fastethernet0/1-2
Switch(config-if-range)#channel-group 2 mode active
```

（3）Multilayer Switch 0 交换机的配置

```
Switch>en
Switch#conf t
Enter configuration commands, one per line.    End with CNTL/Z.
Switch(config)# interface range fastethernet0/1-2
Switch(config-if-range)#channel-group 1 mode active
%LINEPROTO-5-UPDOWN: Line protocol on Interface FastEthernet0/1, changed state to down
%LINEPROTO-5-UPDOWN: Line protocol on Interface FastEthernet0/1, changed state to up
Switch(config-if-range)#
%LINEPROTO-5-UPDOWN: Line protocol on Interface FastEthernet0/2, changed state to down
%LINEPROTO-5-UPDOWN: Line protocol on Interface FastEthernet0/2, changed state to up
%LINK-5-CHANGED: Interface Port-channel 1, changed state to up
%LINEPROTO-5-UPDOWN: Line protocol on Interface Port-channel 1, changed state to up
Switch(config-if-range)#exit
Switch(config)# interface range fastethernet0/3-4
Switch(config-if-range)#channel-group 2 mode active
Switch(config-if-range)#
%LINEPROTO-5-UPDOWN: Line protocol on Interface FastEthernet0/3, changed state to down
%LINEPROTO-5-UPDOWN: Line protocol on Interface FastEthernet0/3, changed state to up
%LINEPROTO-5-UPDOWN: Line protocol on Interface FastEthernet0/4, changed state to down
%LINEPROTO-5-UPDOWN: Line protocol on Interface FastEthernet0/4, changed state to up
%LINK-5-CHANGED: Interface Port-channel 2, changed state to up
%LINEPROTO-5-UPDOWN: Line protocol on Interface Port-channel 2, changed state to up
```

4．验证

① 在 3560-24PS 交换机上使用 show etherchannel port-channel 命令查看链路聚合的配置信息，结果如下：

```
Switch#show etherchannel port-channel
                    Channel-group listing:
                    ----------------------
Group: 1
----------
                    Port-channels in the group:
```

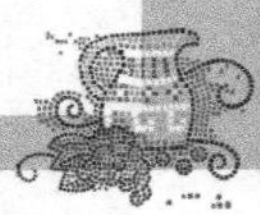


```
                        ---------------------------
Port-channel: Po1       (Primary Aggregator)
------------
Age of the Port-channel      = 00d:00h:49m:44s
Logical slot/port     = 2/1          Number of ports = 2
GC                          = 0x00000000     HotStandBy port = null
Port state                = Port-channel
Protocol                    =     LACP
Port Security            = Disabled
Ports in the Port-channel:
Index     Load     Port       EC state          No of bits
------+------+------+------------------+-----------
  0        00       Fa0/2       Active              0
  0        00       Fa0/1       Active              0
Time since last port bundled:      00d:00h:49m:44s      Fa0/1

Group: 2
----------
                        Port-channels in the group:
                        ---------------------------
Port-channel: Po2       (Primary Aggregator)
------------
Age of the Port-channel      = 00d:00h:49m:44s
Logical slot/port     = 2/2          Number of ports = 2
GC                          = 0x00000000     HotStandBy port = null
Port state                = Port-channel
Protocol                    =     LACP
Port Security            = Disabled
Ports in the Port-channel:
Index     Load     Port       EC state          No of bits
------+------+------+------------------+-----------
  0        00       Fa0/3       Active              0
  0        00       Fa0/4       Active              0
Time since last port bundled:      00d:00h:49m:44s      Fa0/4
```

② 在 PC0 上使用 Ping 命令与 PC1 的连通性。

【任务回顾】

1．选择题

（1）哪些类型的帧会被泛洪到除接收端口以外的其他端口？(　　)

A.已知目的地址的单播帧　　B.未知目的地址的单播帧

C.多播帧　　D.广播帧

（2）STP 是如何构造一个无环路拓扑的？(　　)

A.阻塞根网桥　　B.阻塞根端口

C.阻塞指定端口　　D.阻塞非根非指定的端口

（3）哪个端口拥有从非根网桥到根网桥的最低成本路径？(　　)

A.根端口　　B.指定端口　　C.阻塞端口　　D.非根非指定端口

（4）对于一个处于监听状态的端口，以下哪项是正确的？(　　)

A.可以接收和发送 BPDU，但不能学习 MAC 地址

B.既可以接收和发送 BPDU，也可以学习 MAC 地址

C.可以学习 MAC 地址，但不能转发数据帧

D.不能学习 MAC 地址，但可以转发数据帧

（5）RSTP 中哪种状态等同于 STP 中的监听状态？(　　)

A.阻塞　　B.监听　　C.丢弃　　D.转发

（6）在 RSTP 活动拓扑中包含哪几种端口角色？(　　)

A.根端口　　B.替代端口　　C.指定端口　　D.备份端口

（7）定义 MSTP 的是（　　）。

A.IEEE 802.1Q　　B.IEEE 802.1D　　C.IEEE 802.1W　　D.IEEE 802.1S

（8）`以下哪些端口可以设置成聚合端口？（　　）

A.VLAN 1 的 FastEthernet 0/1

B.VLAN 2 的 FastEthernet 0/5

C.VLAN 2 的 FastEthernet 0/6

D.VLAN 1 的 GigabitEthernet 1/10

E.VLAN 1 的 SVI

（9）定义 RSTP 的是（　　）。

A.IEEE 802.1Q　　B.IEEE 802.1D　　C.IEEE 802.1W　　D.IEEE 802.3

（10）STP 中选择根端口时，如果根路径成本相同，则比较以下哪一项？(　　)

A.发送网桥的转发延迟　　B.发送网桥的型号

C.发送网桥的 ID　　D.发送端口的 ID

2．综合题

（1）STP 能够解决什么问题？请描述 STP 的工作过程。

（2）比较 STP、RSTP、MSTP 的区别，说明它们的异同点。

（3）什么是端口聚合？为什么需要使用端口聚合技术？

（4）配置端口聚合技术需要注意哪些事项？

（5）自行设计拓扑结构，配置端口聚合实验，验证端口聚合的效果。

任务6　交换机DHCP的配置

【任务描述】

某职业学院校园网进行扩充改造升级后，领导为方便用户使用网络，提高网络IP地址的利用率，要求用户端网络参数自动配置。小东是学校网络中心的网络管理员，如何配置来实现这一目标呢？

本任务的目标是通过配置交换机的DHCP，掌握校园内部网络用户自动获取网络参数的配置。

【预备知识】

1．DHCP服务器工作原理

动态主机配置协议（Dynamic Host Configuration Protocol，DHCP）是一种在网络中常用动态配置网络参数的技术，自动配置及维护IP地址工作。

使用UDP传输协议，从DHCP客户端到达DHCP服务器的报文使用目的端口号67，从DHCP服务器到达DHCP客户端报文使用源端口号68。

2．DHCP中继代理工作原理

DHCP中继代理可以在路由器或三层交换机上设置，在DHCP客户端及服务器间中转相关报文。DHCP客户端与代理间仍采用广播方式，DHCP服务器与代理间采用单播方式。

3．DHCP的配置命令

表2-14　　　　DHCP的配置命令

命令格式	解释	配置模式
service dhcp	启用DHCP服务器	全局配置模式
no service dhcp	关闭DHCP服务器	
ip dhcp pool　*<name>*	创建地址池，*name*为地址池名称	
no ip dhcp pool　*<name>*	删除地址池，*name*为地址池名称	

续表

命令格式	解释	配置模式
ip dhcp excluded-address *low-ip-address* [*high-ip-ddress*]	排除地址池中的不用于动态分配的地址 *low-ip-address*：排斥 IP 地址，或者排斥 IP 地址范围的起始 IP 地址 *high-ip-address*：排斥地址范围的结束 IP 地址	全局配置模式
ip forward-protocol udp <*port*>	配置转发 DHCP 广播报文，<*port*>为端口号，UDP 端口号为 67	
no ip forward-protocol udp <*port*>	取消配置转发 DHCP 广播报文，<*port*>为端口号，UDP 端口号为 67	
ip helper-address <*ip address*>	指定 DHCP 中继转发的目标 IP 地址；*ip address* 为目标地址	
no ip helper-address <*ip address*>	取消指定 DHCP 中继转发的目标 IP 地址；*ip address* 为目标地址	
network <*network-number*> <*mask*>	配置地址池可分配的地址范围；<*network-number*> DHCP 地址池的 IP 地址网络号，<*mask*>DHCP 地址池的 IP 地址网络掩码	DHCP 地址池配置模式
default-router <*ip-address*> [*ip-address2…ip-address8*]	为 DHCP 客户机配置默认网关 *ip-address*：定义设备的 IP 地址，要求至少配置 1 个 *ip-address2…ip-address8*：（可选）最多可以配置 8 个网关	
dns-server <*ip-address*> [*ip-address2…ip-address8*]	为 DHCP 客户机配置 DNS 服务器 *address*：定义 DNS 服务器的 IP 地址，要求至少配置一个	
lease {*days*[*hours*] [*minutes*] | *infinite* }	定义地址租期；*days*：定义租期的时间，以天为单位；*hours*：（可选）定义租期的时间，以小时为单位。定义小时数前必须定义天数。*minutes*：（可选）定义租期的时间，以分钟为单位。定义分钟前必须定义天数和小时数。*infinite*：定义没有限制的租期	

【任务实施】

实验 1　交换机 DHCP 服务器的配置

使用三层交换机实现客户机自动获取网络参数，DHCP 服务器的网段为 192.168.1.0/24，其他参数自行设定，实验拓扑结构图如图 2-24 所示。

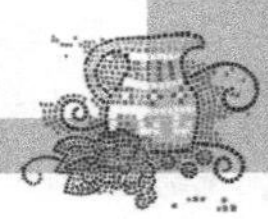

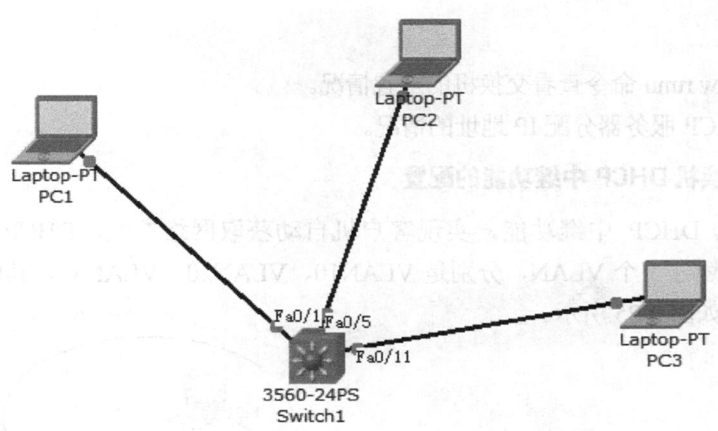

图 2-24　交换机 DHCP 服务器的配置

1．硬件连接

在 Packet Tracer 6.0 工作台面中添加个 1 台 3560-24PS 交换机和 3 台 PC，并按照拓扑结构图进行连接。

2．软件的设置

按照拓扑结构图设置 PC1、PC2 和 PC3 的 IP 地址为自动获取，并测试自动获取 IP 地址的情况。

由测试结果可知，在交换机 3560-24PS 没有进行任何配置的情况下，PC1、PC2 和 PC3 是无法获得 IP 地址的。

3．交换机的配置

```
Switch>en
Switch#conf t
Switch(config)#ip dhcp excluded-address 192.168.1.1 192.168.1.10
Switch(config)#ip dhcp pool office        /为 DHCP 服务器配置地址池，名称为 office
Switch(dhcp-config)#network 192.168.1.0 255.255.255.0 /配置地址池可分配的地址范围
Switch(dhcp-config)#default-router 192.168.1.1    /配置 DHCP 服务器的网关
Switch(dhcp-config)#dns-server 202.96.128.86    /配置 DHCP 服务器的 DNS
Switch(config)#exit
Switch(config)#int vlan 1
Switch(config-if)#ip add 192.168.1.1 255.255.255.0
Switch(config-if)#no shut
Switch(config-if)#end
Switch#
```

4．验证

① 使用 show runn 命令查看交换机的配置情况。
② 测试 DHCP 服务器分配 IP 地址的情况。

实验 2　交换机 DHCP 中继功能的配置

使用交换机 DHCP 中继功能，实现客户机自动获取网络参数，DHCP 服务器的网段为 192.168.2.0/24，划分 3 个 VLAN，分别是 VLAN10、VLAN20、VLAN30。其他参数自行设定，实验拓扑结构图如图 2-25 所示。

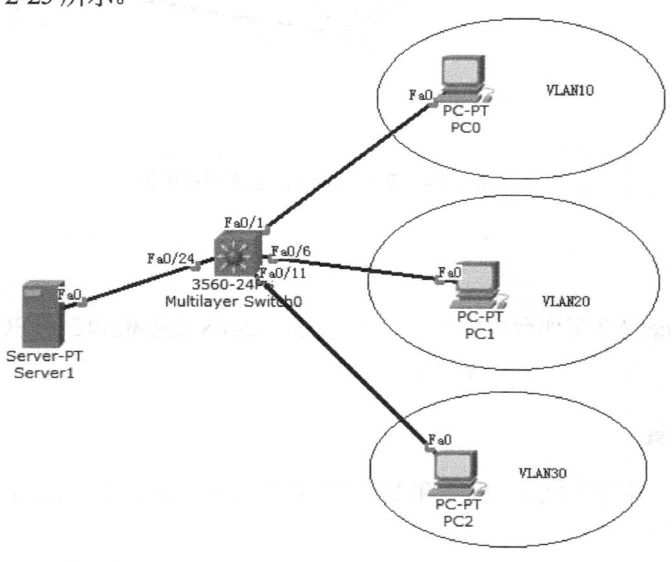

图 2-25　交换机 DHCP 中继功能的配置

1．硬件连接

在 Packet Tracer 6.0 工作台面中添加个 1 台 3560-24PS 交换机、1 台 Server1 服务器和 3 台 PC，并按照拓扑结构图进行连接。

2．软件的设置

按照拓扑结构图设置 PC1、PC2 和 PC3 的 IP 地址为自动获取，并测试自动获取 IP 地址的情况。

由测试结果可知，在交换机 3560-24PS 及 Server1 服务器没有进行任何配置的情况下，PC1、PC2 和 PC3 是无法获得 IP 地址的。

3．交换机、Server1 服务器的配置

（1）交换机的配置

```
Switch>en
Switch#conf t
Switch(config)#ip dhcp excluded-address 192.168.1.1 192.168.1.10 /排除地址网段
```

```
Switch(config)#vlan 10
Switch(config-vlan)#vlan 20
Switch(config-vlan)#vlan 30
Switch(config-vlan)#exit
Switch(config)#int range f0/1-5
Switch(config-if-range)#switchport access vlan 10
Switch(config-if-range)#exit
Switch(config)#int range f0/6-10
Switch(config-if-range)#switchport access vlan 20
Switch(config-if-range)#exit
Switch(config)#int range f0/11-15
Switch(config-if-range)#switchport access vlan 30
Switch(config-if-range)#exit
Switch(config)#
Switch(config)#int vlan 1
Switch(config-if)#no shut

Switch(config-if)#
%LINK-5-CHANGED: Interface Vlan1, changed state to up

%LINEPROTO-5-UPDOWN: Line protocol on Interface Vlan1, changed state to up
Switch(config)#int vlan 10
Switch(config-if)#
%LINK-5-CHANGED: Interface Vlan10, changed state to up

%LINEPROTO-5-UPDOWN: Line protocol on Interface Vlan10, changed state to up

Switch(config-if)#ip add 192.168.10.254 255.255.255.0
Switch(config-if)#ip helper-address 192.168.1.1
Switch(config-if)#exit
Switch(config)#int vlan 20
Switch(config-if)#
%LINK-5-CHANGED: Interface Vlan20, changed state to up

%LINEPROTO-5-UPDOWN: Line protocol on Interface Vlan20, changed state to up

Switch(config-if)#ip add 192.168.20.254 255.255.255.0
Switch(config-if)#ip helper-address 192.168.1.1
Switch(config-if)#exit
```

```
Switch(config)#int vlan 30
Switch(config-if)#
%LINK-5-CHANGED: Interface Vlan30, changed state to up

%LINEPROTO-5-UPDOWN: Line protocol on Interface Vlan30, changed state to up

Switch(config-if)#ip add 192.168.30.254 255.255.255.0
Switch(config-if)#ip helper-address 192.168.1.1
Switch(config-if)#end
Switch#
```

（2）Server1 服务器的配置

设置 Server1 服务器，开启 DHCP，设置 DHCP 地址池，如图 2-26 所示。

增加 保存

池名称	默认网关	DNS服务器	起始IP地址	子网掩码	最大值
serverPool	0.0.0.0	0.0.0.0	192.168.1.0	255.255.255.0	1062731520
vlan10	192.168.10.254	202.96.128.86	192.168.10.0	255.255.255.0	256
vlan20	192.168.10.254	202.96.128.86	192.168.20.0	255.255.255.0	256
vlan30	192.168.30.254	202.96.128.86	192.168.30.0	255.255.255.0	256

图 2-26 Server1 服务器 DHCP 地址池

4．验证

① 使用 show runn 命令查看交换机的配置情况。

② 测试 DHCP 服务器分配 IP 地址的情况。

【任务回顾】

思考题：

1．描述 DHCP 的工作过程。

2．说明配置 DHCP 的命令及步骤。

3．自行设计网络拓扑结构，配置 DHCP 中继代理实验。

项目三

路由器的安装与配置

【项目导入】

路由器是最常见的网络互连设备之一。在实际工作中，经常需要对路由器进行配置。路由器涉及的网络技术相当多，包括静态路由、动态路由、访问控制列表等。掌握路由器的配置，对从事网络设计、售后技术支持、网络管理等工作的技术人员有着重大意义。本项目主要掌握静态路由、动态路由、访问控制列表等相关知识及配置。

【学习目标】

- ✧ 理解路由器的主要功能
- ✧ 掌握路由器的接口
- ✧ 了解路由器的访问方式
- ✧ 理解路由和路由表
- ✧ 理解静态路由和默认路由
- ✧ 理解动态路由和路由的优先级
- ✧ 理解访问控制列表 ACL
- ✧ 理解访问控制列表的分类
- ✧ 理解访问控制列表的作用
- ✧ 掌握路由器的基本配置
- ✧ 掌握路由协议配置命令
- ✧ 掌握访问控制列表的配置

任务 1　路由器及配置基础

【任务描述】

小东是某职业学院网络中心新入职的网络管理员，负责网络中心的设备管理及维护工作。领导要求小东熟悉路由器的操作及使用，掌握路由器的配置命令的使用。

本任务的目的是通过路由器的配置，识别路由器的各种端口，掌握路由器基本参数的配置及使用。

【预备知识】

1．什么是路由器

由是指把数据按照路由表从一个地方传送到另一个地方的行为和动作。而路由器正是执行这种行为动作的机器，它的英文名称为"Router"，路由器如图 3-1 所示。路由器是一种连接多个网络或网段的网络设备，它能将不同网络或网段之间的数据信息进行"翻译"，以使它们能够相互"读懂"对方的数据，从而构成一个更大的网络。

图 3-1　路由器实物图

2．路由器的主要功能

路由器的主要功能有以下几种。

① 网络互连：路由器支持各种局域网和广域网接口，主要用于互连局域网和广域网，实现不同网络互相通信。

② 数据处理：提供包括分组过滤、分组转发、优先级、复用、加密、压缩和防火墙等功能。

③ 网络管理：路由器提供包括配置管理、性能管理、容错管理和流量控制等功能。

3. 路由器的接口

① Console 口：控制台口，初始化配置路由器的接口。

② AUX 口：异步接口，用于远程配置、拨号连接，或通过收发器与 MODEM 进行连接，支持硬件流控制。

③ RJ-45 接口：双绞线以太网口，可分为 10Base-T（标准以太网）、100Base-TX（快速以太网）、1000 Base-TX（千兆以太网）3 类。

④ serial 接口：高速同步串口，用于 DDN、帧中继（Frame Relay）、X.25 等网络连接。

⑤ SIC 模块：除了固化接口外，路由器还支持各种 SIC 模块。

4. 路由器的分类

① 根据路由的目的地不同，可以划分为子网路由和主机路由。

子网路由：目的地为子网。

主机路由：目的地为主机。

② 根据目的地与该路由器是否直连，又可以分为直连路由和间接路由。

直接路由：目的地所在网络与路由器直接相连。

间接路由：目的所在网络与路由器不是直接相连。

5. 路由器的访问方式

路由器的访问方式有 4 种。

① 通过带外方式对路由器进行管理。

② 通过 Telnet 对路由器进行远程管理。

③ 通过 Web 对路由器进行远程管理。

④ 通过 SNMP 管理工作站对路由器进行远程管理。

第一次配置路由器时，必须采用通过 Console 口进行配置，因为这种配置方式是用计算机的串口直接连接路由器的 Console 口进行配置，并不占用网络带宽，因此被称为“带外管理”。

使用后面 3 种方式配置路由器，配置命令均要通过网络传输，因此也被称为“带内方式”，可以根据需要通过这 3 种方式中的一种或几种来访问路由器。

6. 三层交换机和路由器的区别

① 三层交换机通过硬件来实现数据包的查找和转发，而路由器通过软件完成。

② 三层交换机的转发性能远大于路由器。

③ 在局域网内，三层交换机主要作为网络核心设备完成网络内部数据的高速转发；路由器主要作为网络的出口，用于不同类型网络。

7. 路由器的基本配置

（1）命令的配置模式

命令的配置模式如表 3-1 所示。

表 3-1　　命令的配置模式

工作模式		提示符	启动方式
用户模式		Router>	开机自动进入
特权模式		Router#	Router>enable
配置模式	全局模式	Router (config)#	SRouter#configure terminal
	路由模式	Router (config-Router)#	Router (config)#router rip
	接口模式	Router (config-if)#	Router (config)#interface fa0/0
	线程模式	Router (config-line)#	Router (config)#line console 0

（2）常用的基本配置命令

退出、帮助、设置提示符、热启动、恢复路由器的出厂设置、保存、查看、no、特权密码、Telnet 等命令，以及简写命令、终止当前操作等方法请参照项目二中任务 1 交换机及配置基础。常用的基本配置命令如表 3-2 所示。

表 3-2　　常用的基本配置命令

命令格式	解释	配置模式
ip address <*ip address*> <*mask*>	为端口指定 IP 地址，*ip address* 为 IP 地址，*mask* 为子网掩码	端口配置模式
clock rate *bps*	配置时钟频率，需要在 DCE 设备上配置。时钟频率取值范围是：1200、2400、4800、9600、19200、38400、57600、64000、115200、128000 等	
no shutdown	开启端口	
show interfaces fastEthernet 0/1	查看路由器接口配置信息	特权模式
ping <*ip address*>	测试连通性，!!!!!表示成功，.....表示失败	

特别提示

① 如果 2 台路由器通过串口直接互连，则必须在其中一端（DCE）设置时钟频率。

② 如果没有配置 Telnet 密码，则登录时会提示“Password required，but none set”。

③ 如果没有配置 enable 密码，则远程登录到路由器后不能进入特权模式，并提示“Password required，but none set”。

【任务实施】

实验 1　路由器的基本配置

按照拓扑结构图进行路由器的基本配置，实验拓扑结构图如图 3-2 所示。

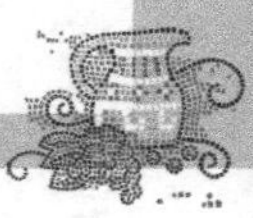

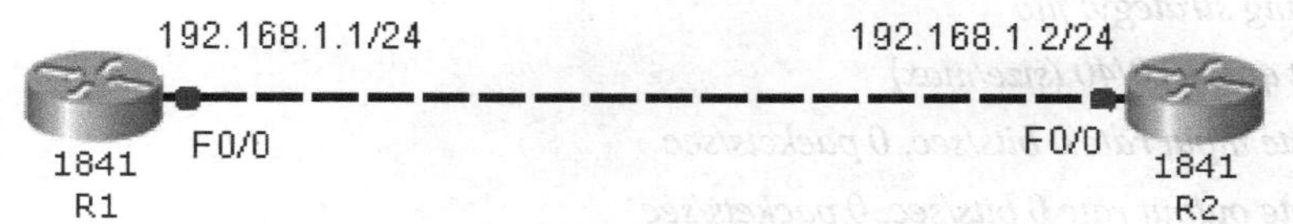

图 3-2　路由器的基本配置

1．硬件的连接

在 Packet Tracer 6.0 工作台面中添加 2 台 1841 路由器，并按实验拓扑结构进行连接。

2．路由器的基本配置

（1）R1 的基本配置

Router>enable
Router#config terminal
Router(config)#hostname R1
R1(config)#interface fastEthernet 0/0
R1(config-if)#ip address 192.168.1.1 255.255.255.0　　　　/配置路由器接口 IP 地址
R1(config-if)#no shutdown　　　　/开启端口

（2）R2 的基本配置

Router>enable
Router#config terminal
Router(config)#hostname R2
R2(config)#interface fastEthernet 0/0
R2(config-if)#ip address 192.168.1.2 255.255.255.0
R2(config-if)#no shutdown

3．验证

① 查看路由器 R1 端口的配置。

Router#show interface fastethernet 0/0
FastEthernet0/0 is up, line protocol is up (connected)　　　　/端口的状态
Hardware is Lance, address is 0009.7c36.8401 (bia 0009.7c36.8401) /端口的 MAC 地址
Internet address is 192.168.1.1/24　　　　/端口的 IP 地址
MTU 1500 bytes, BW 100000 Kbit, DLY 100 usec,
reliability 255/255, txload 1/255, rxload 1/255
Encapsulation ARPA, loopback not set
ARP type: ARPA, ARP Timeout 04:00:00,
Last input 00:00:08, output 00:00:05, output hang never
Last clearing of "show interface" counters never
Input queue: 0/75/0 (size/max/drops); Total output drops: 0

Queueing strategy: fifo
Output queue :0/40 (size/max)
5 minute input rate 0 bits/sec, 0 packets/sec
5 minute output rate 0 bits/sec, 0 packets/sec
0 packets input, 0 bytes, 0 no buffer
Received 0 broadcasts, 0 runts, 0 giants, 0 throttles
0 input errors, 0 CRC, 0 frame, 0 overrun, 0 ignored, 0 abort
0 input packets with dribble condition detected
0 packets output, 0 bytes, 0 underruns
0 output errors, 0 collisions, 1 interface resets
0 babbles, 0 late collision, 0 deferred
0 lost carrier, 0 no carrier
0 output buffer failures, 0 output buffers swapped out

② 在 R1 路由器上使用 Ping 192.168.1.2 命令，测试 R1 与 R2 的连通性。

Router# ping 192.168.1.2
Type escape sequence to abort.
Sending 5, 100-byte ICMP Echos to 192.168.1.2, timeout is 2 seconds:
!!!!! /! 表示连通
Success rate is 100 percent (5/5), round-trip min/avg/max = 31/31/32 ms

实验 2 在路由器上配置 Telnet

按照拓扑结构图进行路由器的 Telnet 配置，实现路由器远程登录访问，实验拓扑结构图如图 3-3 所示。

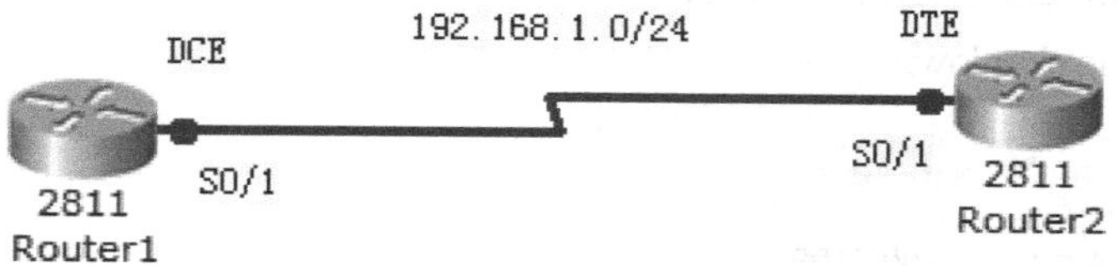

图 3-3 路由器上配置 Telnet

1. 硬件的连接

在 Packet Tracer 6.0 工作台面中添加 2 台 1841 路由器，并按实验拓扑结构进行连接。

2. 路由器的基本配置

（1）Router1 的基本配置

Router>enable
Router#config terminal
Router(config)#hostname R1
R1(config)#interface serial 0/1

```
R1(config-if)#ip address 192.168.1.1 255.255.255.0      /配置路由器接口 IP 地址
R1(config-if)# clock rate 64000                         /在 DCE 接口配置时钟频率
R1(config-if)#no shutdown                               /开启端口
R1(config-if)#end
R1#
```

（2）Router2 的基本配置

```
Router>enable
Router#config terminal
Router(config)#hostname R2
R2(config)#interface serial 0/1
R2(config-if)#ip address 192.168.1.2 255.255.255.0
R2(config-if)#no shutdown
R2(config-if)#end
R1#
```

（3）Telnet 的配置

```
R1(config)#enable password cisco        /配置进入特权模式的密码为 cisco
R1(config)#line vty 0 4                 /进入线程配置模式
R1(config-line)#password 123456         /配置 Telnet 的密码为 123456
R1(config-line)#login                   /设置 Telnet 登录时进行身份验证
R1(config-line)#end
R2(config)#enable password cisco
R2(config)#line vty 0 4
R2(config-line)#password 123456
R2(config-line)#login
R2(config-line)#end
```

3．验证

① 在 R1 路由器上使用 ping 192.168.1.2 命令，测试 R1 与 R2 的连通性。

```
R1#ping 192.168.1.2
Type escape sequence to abort.
Sending 5, 100-byte ICMP Echos to 192.168.1.1, timeout is 2 seconds:
!!!!!                                                   /! 表示连通
Success rate is 100 percent (5/5), round-trip min/avg/max = 31/31/32 ms
```

② 以 Telnet 方式登录路由器。

```
R1#telnet 192.168.1.2                          /远程登录 R2 路由器
Trying 192.168.1.1 ...Open
User Access Verification
Password:                                      /提示输入 Telnet 密码，此处为 cisco
R2>en
```

```
Password:                          /提示输入特权模式密码，此处为123456
R2#                                /远程登录R2，可以进行配置
```

【任务回顾】

1．选择题

（1）下面是路由器端口的有（　　）。

A.Console 端口　　B.AUX 端口　　C.PCI 端口　　D.RJ45 端口

（2）下面是路由器带内登录方式的有（　　）。

A.通过 Telnet 登录　　B.通过超级终端登录

C.通过 Web 方式登录　　D.通过 SNMP 方式登录

（3）下面正确配置路由器远程登录密码的命令是（　　）

A.Router(config)#line VTY 0 4
　Router(config)#login
　Router(config)#enable password 100

B.Router(config)#enable secret level 15 0 100

C.Router(config)#enable secret level 1 0 100

D.Router(config)#enable secret level 5 5 100

2．综合题

（1）路由器有什么作用？路由器与三层交换机有什么区别？

（2）通过 console 口配置路由器应怎样设置连接参数？

（3）登录新出厂的路由器，应采用何种登录方式，为什么？

（4）描述路由器与交换机的区别。

（5）写出配置 Telnet 远程登录管理路由器的步骤和命令。

任务2　静态路由与默认路由的配置

【任务描述】

某职业学院校园网有2个区域，每个区域内使用1台路由器连接2个子网。小东身为学校网络中心的网络管理员，如何在路由器上做静态路由（默认路由）的配置，实现2个区域网络的互连。

本任务的目的是通过静态路由（默认路由）的配置，实现校园网各个区域子网的的相互通信。

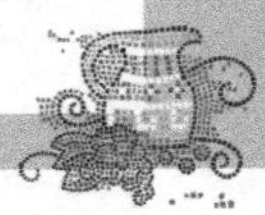

【预备知识】

1. 路由

路由器属于网络层设备，能根据 IP 包头的信息选择一条最佳路径，将数据包转发出去，实现不同网段的主机之间的互相访问。路由就是指导 IP 数据包发送路径信息的。

2. 路由表

路由器转发数据包的关键是路由表。每个路由器中都保存着一张路由表，路由表中包含了目的地址、网络掩码、输出接口、下一跳 IP 地址。

目的地址：用来标识 IP 包的目的地址或目的网络。

网络掩码：与目的地址一起来标识目的主机或路由器所在的网段地址。

输出接口：说明 IP 包将从该路由器哪个接口转发。

下一跳 IP 地址：说明 IP 包所经由的下一个路由器的接口地址。

路由表的产生方式一般有以下 3 种。

① 直接路由：给路由器接口配置一个 IP 地址，路由器自动产生本接口 IP 所在网段的路由信息。

② 静态路由：通过手工的方式配置本路由器未知网段的路由信息，从而实现不同网段之间的连接，适用于拓扑结构简单的网络。

③ 动态路由协议学习产生的路由：在路由器上运行动态路由协议，路由器之间互相自动学习产生路由信息。

3. 路由协议

路由器的主要任务是路由选择。路由选择的关键是建立路由表。路由表的建立可以通过 2 种方式：静态路由和动态路由。静态路由是通过手工输入的方式建立第一个路由，适用于小型的网络或路由比较固定的场合；动态路由是指路由器通过专门的路由程序去生成路由、管理路由，适用于大型网络或路由经常改变的场合。

4. 路由决策原则

① 最长匹配原则：路由条目中目的网络与数据包中的目的地址匹配得越精确，选择的优先级越高。

② 管理距离原则：管理距离越小，路由条目的优先级越高。

③ 度量值原则：如果管理距离相等，就比较度量值，度量值越小，优先级越高。

④ 路由产生途径：通过路由器直接建立、管理员手工建立、路由协议动态建立等。

5. 静态路由和默认路由

静态路由是在路由器中设置的固定路由。在所有的路由中，静态路由优先级最高。

默认路由也称“缺省路由”，默认路由是一种特殊的静态路由，是指当路由表与 IP 数据表的目的地址之间没有匹配的表项时，路由器能够做出的选择。

6．路由优先级

思科路由器的缺省优先级如表 3-3 所示。

表 3-3　　　　　　　　　　　　　路由优先级

路由协议或路由种类	相应路由的优先级
DIRECT	0（直接连接的路由）
STATIC	1
EIGRP Summary	5
eBGP	20
内部 EIGRP	90
IGRP	100
OSPF	110
IS-IS	115
RIP	120
EGP	140
外部 EIGRP	170
iBGP	200
未知	255（任何来自不可信源端的路由）

当存在多个路由信息源时，具有较高优先级（数值越小）的路由协议发现的路由将成为最优路由，并被加入路由表中。

除了直接路由（DIRECT）外，各动态路由协议优先级都可根据用户需求手工进行配置。

7．静态路由的特点

静态路由是网络管理员输入到路由器的，当网络拓扑发生变化而需要改变路由时，网络管理员就必须手工改变路由信息，不能动态反映网络拓扑。

静态路由不会占用路由器的 CPU、RAM 和线路的带宽。同时静态路由也不会把网络的拓扑暴露出去。

通过配置静态路由，用户可以人为地指定对某一网络访问时所要经过的路径。静态路由不需要使用路由协议，但需要由路由器管理员手工更新路由表。通常只能在网络路由相对简单、网络与网络之间只能通过一条路径路由的情况下使用静态路由。

8．静态路由和默认路由配置命令

静态路由和默认路由配置命令如表 3-4 所示。

表 3-4　静态路由和默认路由配置命令

命令格式	解释	配置模式
ip route *network-number network-mask {ip-address | interface-id}*	静态路由配置命令 *network-number*：目的网络 *network-mask*：目的网络子网掩码 *ip-address*：下一跳地址 *interface-id*：接口号	全局配置模式
ip route *0.0.0.0 0.0.0.0 {ip-address | interface-id}*	默认路由配置命令 *ip-address*：下一跳地址 *interface-id*：接口号	
show ip route	查看路由表信息	特权模式

【任务实施】

实验 1　静态路由的配置

按照拓扑结构图，2 个区域的局域网能够互相通信，共享资源，要求通过对路由器进行静态路由的配置，实现校园网 2 个区域间的正常相互访问，实验拓扑结构图如图 3-4 所示。

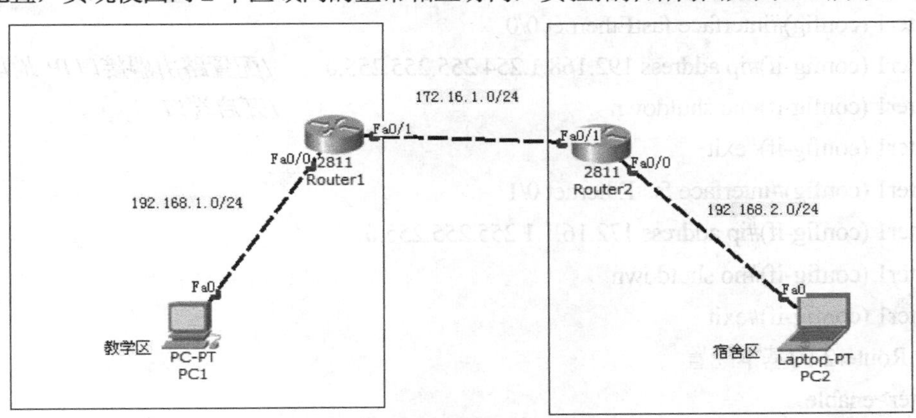

图 3-4　静态路由拓扑结构图

1．硬件的连接

在 Packet Tracer 6.0 工作台面中添加 2 台 1841 路由器，并按实验拓扑结构进行连接。

2．软件的设置

① PC1 主机的 IP 地址设置为 192.168.1.1，子网掩码为 255.255.255.0，默认网关为 192.168.1.254。

② PC2 主机的 IP 地址设置为 192.168.2.1，子网掩码为 255.255.255.0，默认网关为 192.168.2.254。

在PC1的桌面（Desktop）上选择命令行界面（Command Prompt），运行ipconfig /all命令查看PC1的TCP/IP的详细配置信息，命令运行结果如图3-5所示。

```
命令提示符

Packet Tracer PC Command Line 1.0
PC>ipconfig /all

FastEthernet0 Connection:(default port)
Physical Address................: 00E0.F938.0C52
IP Address......................: 192.168.1.1
Subnet Mask.....................: 255.255.255.0
Default Gateway.................: 192.168.1.254
DNS Servers.....................: 202.96.128.86
DHCP Servers....................: 0.0.0.0


PC>
```

图3-5　TCP/IP的详细配置信息

3．路由器的基本配置

（1）Router1的基本配置

```
Router>enable
Router#config terminal
Router(config)#hostname Router1
Router1 (config)#interface fastEthernet 0/0
Router1 (config-if)#ip address 192.168.1.254 255.255.255.0        /配置路由器接口IP地址
Router1 (config-if)#no shutdown                                   /开启端口
Router1 (config-if)#exit
Router1 (config)#interface fastEthernet 0/1
Router1 (config-if)#ip address 172.16.1.1 255.255.255.0
Router1 (config-if)#no shutdown
Router1 (config-if)#exit
```

（2）Router2的基本配置

```
Router>enable
Router#config terminal
Router(config)#hostname Router1
Router2 (config)#interface fastEthernet 0/0
Router2 (config-if)#ip address 192.168.2.254 255.255.255.0
Router2(config-if)#no shutdown
Router2(config-if)#exit
Router2 (config)#interface fastEthernet 0/1
Router2(config-if)#ip address 172.16.1.2 255.255.255.0
Router2(config-if)#no shutdown
Router2(config-if)#exit
```

（3）静态路由的配置

Router1 (config)#ip route 192.168.2.0 255.255.255.0 172.16.2.2 　　*/配置静态路*

Router2 (config)#ip route 192.168.1.0 255.255.255.0 172.16.2.1 　　*/配置静态路*

4．验证

（1）查看 Router 1 路由器路由表信息

```
Router1#show ip route
Codes: C - connected, S - static, I - IGRP, R - RIP, M - mobile, B - BGP
       D - EIGRP, EX - EIGRP external, O - OSPF, IA - OSPF inter area
       N1 - OSPF NSSA external type 1, N2 - OSPF NSSA external type 2
       E1 - OSPF external type 1, E2 - OSPF external type 2, E - EGP
       i - IS-IS, L1 - IS-IS level-1, L2 - IS-IS level-2, ia - IS-IS inter area
       * - candidate default, U - per-user static route, o - ODR
       P - periodic downloaded static route

Gateway of last resort is not set

     172.16.0.0/24 is subnetted, 1 subnets
C      172.16.1.0 is directly connected, FastEthernet0/1            /直连路由
C      192.168.1.0/24 is directly connected, FastEthernet0/0        /直连路由
S      192.168.2.0/24 [1/0] via 172.16.1.2                          /配置的静态路由
Router1#
```

（2）查看 Router 2 路由器路由表信息

```
Router2#show ip route
Codes: C - connected, S - static, I - IGRP, R - RIP, M - mobile, B - BGP
       D - EIGRP, EX - EIGRP external, O - OSPF, IA - OSPF inter area
       N1 - OSPF NSSA external type 1, N2 - OSPF NSSA external type 2
       E1 - OSPF external type 1, E2 - OSPF external type 2, E - EGP
       i - IS-IS, L1 - IS-IS level-1, L2 - IS-IS level-2, ia - IS-IS inter area
       * - candidate default, U - per-user static route, o - ODR
       P - periodic downloaded static route

Gateway of last resort is not set

     172.16.0.0/24 is subnetted, 1 subnets
C      172.16.1.0 is directly connected, FastEthernet0/1
S      192.168.1.0/24 [1/0] via 172.16.1.1
C      192.168.2.0/24 is directly connected, FastEthernet0/0
Router2#
```

（3）测试网络连通性

从 PC1 上使用 Ping 命令验证与 PC2 的连通情况。

实验 2　使用默认路由和静态路由实现网络互连互通

按照拓扑结构图，要求通过对路由器进行默认路由和静态路由的配置，实现校园网区域间的正常相互访问，实验拓扑结构图如图 3-6 所示。

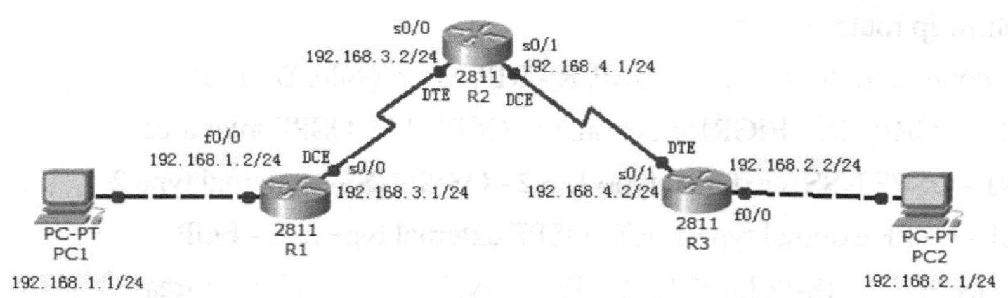

图 3-6　拓扑结构图

1. 硬件的连接

在 Packet Tracer 6.0 工作台面中添加 3 台 2811 路由器、2 台 PC，并按实验拓扑结构进行连接。

2. 软件的设置

按照拓扑结构图设置 2 台 PC 的 IP 地址，并将其网关地址分别设置为 192.168.1.2 和 192.168.2.2。

3. 路由器的基本配置

（1）R1 的配置

```
Router>enable
Router#config terminal
Router(config)#hostname R1
R1(config)#interface fastEthernet 0/0
R1(config-if)#ip address 192.168.1.2 255.255.255.0
R1(config-if)#no shutdown
R1(config-if)#exit
R1(config)#interface Serial 0/0
R1(config-if)#ip address 192.168.3.1 255.255.255.0
R1(config-if)#clock rate 64000
R1(config-if)#no shutdown
R1(config)#ip route 0.0.0.0 0.0.0.0 192.168.3.2                /配置默认路由
R1(config)#end
R1#
```

（2）R2 的配置

```
Router>enable
Router#config terminal
Router(config)#hostname R2
R2(config)#interface Serial 0/0
R2(config-if)#ip address 192.168.3.2 255.255.255.0
R2(config-if)#no shutdown
R2(config-if)#exit
R2(config)#interface Serial 0/1
R2(config-if)#ip address 192.168.4.1 255.255.255.0
R2(config-if)#clock rate 64000
R2(config-if)#no shutdown
R2(config)#ip route 192.168.1.0 255.255.255.0 192.168.3.1        /配置静态路由
R2(config)#ip route 192.168.2.0 255.255.255.0 192.168.4.2        /配置静态路由
R2(config)#end
R2#
```

（3）R3 的配置

```
Router>enable
Router#config terminal
Router(config)#hostname R3
R3(config)#interface Serial 0/1
R3(config-if)#ip address 192.168.4.2 255.255.255.0
R3(config-if)#no shutdown
R3(config-if)#exit
R3(config)#interface fastEthernet 0/0
R3(config-if)#ip address 192.168.2.2 255.255.255.0
R3(config-if)#no shutdown
R3(config)#ip route 0.0.0.0 0.0.0.0 192.168.4.1
R3(config)#end
R3#
```

4．验证

（1）查看 Router 1 路由器路由表信息

```
R1#show ip route
Codes: C - connected, S - static, I - IGRP, R - RIP, M - mobile, B - BGP
       D - EIGRP, EX - EIGRP external, O - OSPF, IA - OSPF inter area
       N1 - OSPF NSSA external type 1, N2 - OSPF NSSA external type 2
       E1 - OSPF external type 1, E2 - OSPF external type 2, E - EGP
       i - IS-IS, L1 - IS-IS level-1, L2 - IS-IS level-2, ia - IS-IS inter area
       * - candidate default, U - per-user static route, o - ODR
```

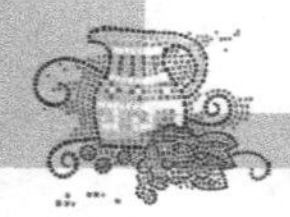

P - periodic downloaded static route

Gateway of last resort is 192.168.3.2 to network 0.0.0.0

C 192.168.1.0/24 is directly connected, FastEthernet0/0 /直连路由

C 192.168.3.0/24 is directly connected, Serial 0/0 /直连路由

S 0.0.0.0/0 [1/0] via 192.168.3.2 /配置的默认路由*

（2）查看 Router 2 路由器路由表信息

R2#show ip route

Codes: C - connected, S - static, I - IGRP, R - RIP, M - mobile, B - BGP

D - EIGRP, EX - EIGRP external, O - OSPF, IA - OSPF inter area

N1 - OSPF NSSA external type 1, N2 - OSPF NSSA external type 2

E1 - OSPF external type 1, E2 - OSPF external type 2, E - EGP

i - IS-IS, L1 - IS-IS level-1, L2 - IS-IS level-2, ia - IS-IS inter area

** - candidate default, U - per-user static route, o - ODR*

P - periodic downloaded static route

Gateway of last resort is not set

S 192.168.1.0/24 [1/0] via 192.168.3.1 /配置的静态路由

S 192.168.2.0/24 [1/0] via 192.168.4.2 /配置的静态路由

C 192.168.3.0/24 is directly connected, Serial 0/0

C 192.168.4.0/24 is directly connected, Serial 0/1

（3）测试网络连通性

从 PC1 上使用 Ping 命令验证与 PC2 的连通情况。

【任务回顾】

1．选择题

（1）默认路由是（　　）。

A.一种静态路由　　B.所有非路由数据包在此进行转发

C.最后求助的网关　　D.以上都是

（2）关于静态路由的描述正确的是（　　）。

A.手工输入到路由表中且不会被路由协议更新

B.一旦网络发生变化就被重新计算更新

C.路由器出厂时就已经配置好的

D.通过其他路由协议学习到的

（3）路由表中的 0.0.0.0 指的是（　　）。

A.静态路由　　B.默认路由　　C.RIP 路由　　D.动态路由

2．综合题

（1）路由表的主要内容有哪些？

（2）静态路由器的特点及应用场合。

（3）自行设计网络拓扑结构，进行静态路由，实现网络互连的配置。

任务3　RIP动态路由的配置

【任务描述】

某职业学院校园网从地理位置上分为2个区域，学校领导为了便于未来校园区域扩充子网数量时，不需要同时更改路由器的配置，计划使用RIP路由协议实现子网之间的通信。小东是学校网络中心的网络管理员，如何在路由器上进行配置来实现这一目标呢？

本任务的目标是通过对路由器配置RIP路由协议，掌握动态路由的特性，能对路由器配置RIP，实现网络互连。

【预备知识】

1．动态路由

动态路由是网络中的路由器运行的动态路由协议通过相互传递路由信息、计算产生的路由。它能实时地适应网络结构的变化，主要适用于网络规模大、网络拓扑复杂的网络。

根据是否在一个自治系统内部使用，按照工作区域，路由协议可分为内部网关协议（IGP）和外部网关协议（EGP），其关系如图3-7所示。

① 内部网关协议（IGP）：在同一个自治系统内交换路由信息，RIP、OSPF和IS-IS都属于IGP。IGP的主要目的是发现和计算自治域内的路由信息。

② 外部网关协议（EGP）：用于连接不同的自治系统之间交换路由信息，主要使用路由策略和路由过滤等控制路由信息在自治域间的传播，应用的一个实例是BGP。

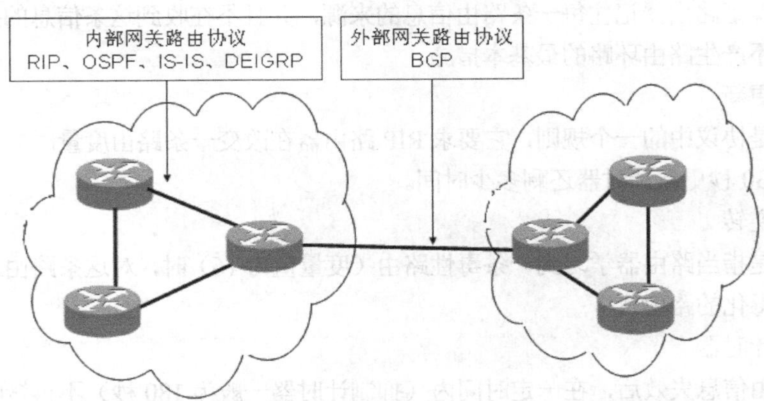

图3-7　IGP和EGP

内部网关协议根据路由选择协议的算法不同划分为以下 3 种。

① 距离矢量：根据距离矢量算法，确定网络中节点的方向和距离，包括 RIP 和 IGRP（思科专用协议）路由协议。

② 链路状态：根据链路状态算法，计算生成网络拓扑，包括 OSPF 和 IS-IS 路由协议。

③ 混合算法：根据距离矢量和链路状态的某些方面进行集成，包括 EIGRP（思科专用协议）路由协议。

2. RIP 路由协议

路由信息协议 RIP 是一种基于 D-V 算法的路由协议，它通过 UDP 交换路由信息，每隔 30 秒向外发送一次更新消息。

RIP 是一种距离矢量路由协议，使用跳数来衡量目的网络的距离。路由器到与它直接相连的网络的跳数为 0，通过一个路由器可到达的网络的跳数为 1，依此类推，大于或等于 16 的跳数被定义为目的网络不可到达。

RIP 在构造路由表时会使用到更新计时器、无效计时器和刷新计时器 3 种计时器。它让每台路由器周期性地向每个相邻的邻居发送完整的路由表，路由表包括每个网络的信息，以及与之相关的度量值。

RIP 包括 RIPV1 和 RIPV2 2 个版本。RIPV1 使用广播发送更新，更新中不携带子网掩码，不支持 VLSM（可变长子网掩码）；RIPV2 使用组播发送更新，更新中携带子网掩码，支持 VLSM，组播地址为 224.0.0.9，支持明文认证和 MD5 认证。

距离矢量路由协议容易产生路由环路，因此使用路由毒化、水平分割、毒性逆转、触发更新、抑制计时器等方式来避免环路。

（1）路由毒化

距离矢量路由协议使用路由毒化的方法传播关于路由失效的消息。路由器认为度量值为无穷大（RIP 定义的无穷大为 16 跳）的路由信息代表该路由已经失效。路由毒化是路由更新的一种实例，特殊的是它的度量值为无穷大。

当某条路由失效时，在网络中每台路由器都知道那条路由失效之前，有可能会导致路由环路。

（2）水平分割

水平分割保证路由器记住每一条路由信息的来源，并且不在收到这条信息的接口上再次发送它，这是保证不产生路由环路的最基本措施。

（3）触发更新

触发更新是协议中的一个规则，它要求 RIP 路由器在改变一条路由度量时立即广播一条更新消息，而不管 30 秒更新计时器还剩多少时间。

（4）毒性逆转

毒性逆转是指当路由器学习到一条毒性路由（度量值为 16）时，对这条路由忽略水平分割的规则，并通告毒化的路由。

（5）抑制计时器

当一条路由信息失效后，在一定时间内（抑制计时器一般为 180 秒）不再接收关于同一目的地址的路由更新，除非更新信息是从原始通告这条路由的路由器来的，从而确保每个路由器都学习到这个路由信息。

3. RIP 路由协议配置命令

RIP 路由协议配置命令如表 3-5 所示。

表 3-5　　RIP 路由协议配置命令

命令格式	解释	配置模式
Router rip	创建 RIP 路由进程	全局配置模式
Network *network-number*	用于定义与 RIP 路由进程关联的网络 *network-number*：目的网络	RIP 配置模式
version {1 | 2} no auto-summary	可选，用于定义 RIP 版本 RIP v2 可选，用于关闭路由自动汇总	
timers basic *update*	可选，用于更新时间调整 *Update:*更新时间	
ip split-horizon	可选，用于开启接口上的水平分割功能	
show ip route	查看路由表信息	特权模式
show ip rip	查看 RIP 路由协议	
show ip rip database	验证 RIP 路由协议的配置情况	
show ip interface brief	查看路由器上所有接口的状态	
debug ip rip	测试 RIP	

配置命令相关说如下。

① 关联有 2 层意思，一是 RIP 对外通告关联网络的路由信息；二是 RIP 向关联网络所属接口通告路由信息。

② RIP 路由自动汇总是指当子网络路由穿越网络边界时，将自动汇总成有类网络路由，RIP v2 默认情况下将进行路由自动汇总。

③ 当网络中采用 VLSM 来划分子网时，希望看到具体子网路由，需要使用 no auto-summary 关闭路由自动汇总功能。

④ 默认情况下，更新时间为 30 秒，无效时间为 180 秒，刷新时间为 120 秒。通过调速以上时间，可能会加快路由协议的收敛时间和故障恢复时间。需要注意的是，同一网络上的设备，RIP 时钟值一定要一致。

【任务实施】

实验 1　使用 RIPv1 实现网络互连互通

按照拓扑结构图，要求通过对路由器进行 RIPv1 的配置，实现校园网区域间的正常互连访问，实验拓扑结构图如图 3-8 所示。

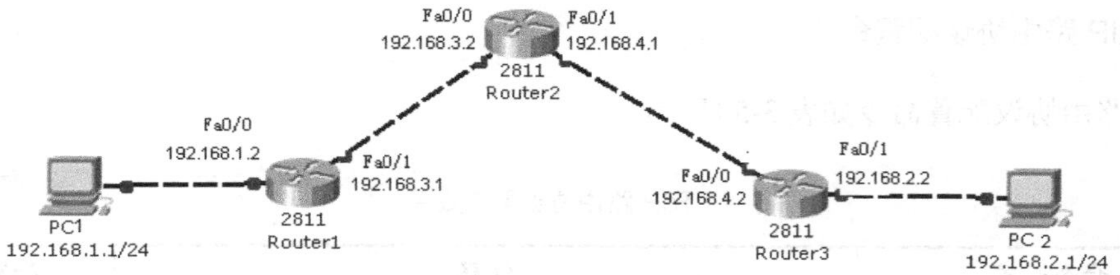

图 3-8 拓扑结构图

1. 硬件的连接

在 Packet Tracer 6.0 工作台面中添加 3 台 2811 路由器、2 台 PC，并按实验拓扑结构进行连接。

2. 软件的设置

按照拓扑结构图设置 2 台 PC 的 IP 地址，并将其网关地址分别设置为 192.168.1.2 和 192.168.2.2。

3. 路由器的基本配置

（1）Router1 的配置

```
Router>enable
Router#config terminal
Router(config)#hostname Router1
Router1(config)#interface fastEthernet 0/0
Router1(config-if)#ip address 192.168.1.2 255.255.255.0
Router1(config-if)#no shutdown
Router1(config-if)#exit
Router1(config)#interface fastEthernet 0/1
Router1(config-if)#ip address 192.168.3.1 255.255.255.0
Router1(config-if)#no shutdown
Router1(config)#route rip                          /启用RIP 协议
Router1(config-router)#network 192.168.1.0
Router1(config-router)#network 192.168.3.0         /定义与RIP 路由进程关联的网络
```

（2）Router2 的配置

```
Router>enable
Router#config terminal
Router(config)#hostname Router2
Router2(config)#interface fastEthernet 0/0
Router2(config-if)#ip address 192.168.3.2 255.255.255.0
Router2(config-if)#no shutdown
Router2(config-if)#exit
Router2(config)#interface fastEthernet 0/1
Router2(config-if)#ip address 192.168.4.1 255.255.255.0
```

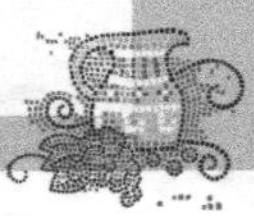

Router2(config-if)#no shutdown
Router2(config)#route rip
Router2(config-router)#network 192.168.3.0
Router2(config-router)#network 192.168.4.0

（3）Router3 的配置

Router>enable
Router#config terminal
Router(config)#hostname Router3
Router3(config)#interface fastEthernet 0/0
Router3(config-if)#ip address 192.168.4.2 255.255.255.0
Router3(config-if)#no shutdown
Router3(config-if)#exit
Router3(config)#interface fastEthernet 0/1
Router3(config-if)#ip address 192.168.2.2 255.255.255.0
Router3(config-if)#no shutdown
Router3(config)#route rip
Router3(config-router)#network 192.168.2.0
Router3(config-router)#network 192.168.4.0

4．验证

（1）查看 Router1 路由表信息

Router1#show ip route

Codes: C - connected, S - static, I - IGRP, R - RIP, M - mobile, B - BGP
D - EIGRP, EX - EIGRP external, O - OSPF, IA - OSPF inter area
N1 - OSPF NSSA external type 1, N2 - OSPF NSSA external type 2
E1 - OSPF external type 1, E2 - OSPF external type 2, E - EGP
i - IS-IS, L1 - IS-IS level-1, L2 - IS-IS level-2, ia - IS-IS inter area
** - candidate default, U - per-user static route, o - ODR*
P - periodic downloaded static route
Gateway of last resort is not set
C 192.168.1.0/24 is directly connected, FastEthernet0/0
R 192.168.2.0/24 [120/2] via 192.168.3.2, 00:00:15, FastEthernet0/1
C 192.168.3.0/24 is directly connected, FastEthernet0/1
R 192.168.4.0/24 [120/1] via 192.168.3.2, 00:00:15, FastEthernet0/1

（2）验证 Router1 的 RIP 路由协议的配置情况

Router1#show ip rip database

192.168.1.0/24 directly connected, FastEthernet0/0
192.168.2.0/24
[2] via 192.168.3.2, 00:00:18, FastEthernet0/1
192.168.3.0/24 directly connected, FastEthernet0/1
192.168.4.0/24

[1] via 192.168.3.2, 00:00:18, FastEthernet0/1

（3）测试网络连通性

从 PC1 上使用 Ping 命令验证与 PC2 的连通情况。

实验 2　使用 RIPv2 实现网络互连互通

按照拓扑结构图，要求通过对路由器进行 RIPv2 的配置，实验拓扑结构图如图 3-9 所示。

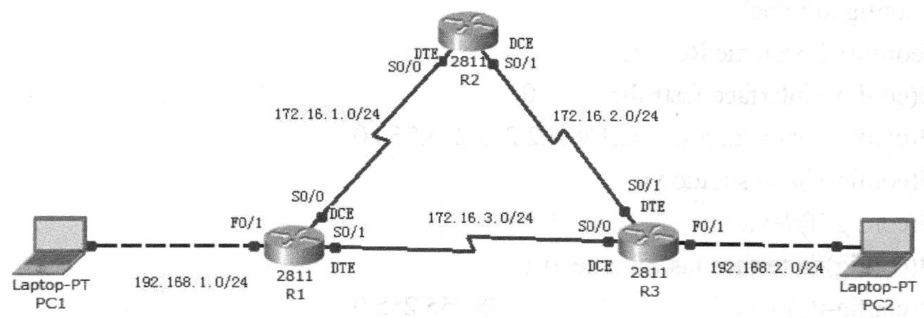

图 3-9　拓扑结构图

1．硬件的连接

在 Packet Tracer 6.0 工作台面中添加 3 台 2811 路由器、2 台 PC，并按实验拓扑结构进行连接。

2．软件的设置

① PC1 主机的 IP 地址设置为 192.168.1.1，子网掩码为 255.255.255.0，默认网关为 192.168.1.254。

② PC2 主机的 IP 地址设置为 192.168.2.1，子网掩码为 255.255.255.0，默认网关为 192.168.2.254。

③ 拓扑结构图上没有说明的参数自行设置。

3．路由器的基本配置

（1）R1 的配置

```
Router>enable
Router#config terminal
Router(config)#hostname R1
R1(config)#interface fastEthernet 0/1
R1(config-if)#ip address 192.168.1.2 255.255.255.0
R1(config-if)#no shutdown
R1(config-if)#exit
R1(config)#interface Serial 0/0
R1(config-if)#ip address 172.16.1.1 255.255.255.0
R1(config-if)#clock rate 64000
R1(config-if)#no shutdown
```

```
R1(config-if)#exit
R1(config)#interface Serial 0/1
R1(config-if)#ip address 172.16.3.1 255.255.255.0
R1(config-if)#no shutdown
R1(config-if)#exit
R1(config)#route rip
R1(config-router)#network 192.168.1.0
R1(config-router)#network 172.16.1.0
R1(config-router)#network 172.16.3.0
R1(config-router)#version 2                    /定义版本 2
R1(config-router)#no auto-summary              /关闭 RIPv2 自动路由汇总功能
R1(config)#end
R1#
```

（2）R2 的配置

```
Router(config)#hostname R2
R2(config)#interface Serial 0/0
R2(config-if)#ip address 172.16.1.2 255.255.255.0
R2(config-if)#no shutdown
R2(config-if)#exit
R2(config)#interface Serial 0/1
R2(config-if)#ip address 172.16.2.1 255.255.255.0
R2(config-if)#clock rate 64000
R2(config-if)#no shutdown
R2(config-if)#exit
R2(config)#route rip
R2(config-router)#network 172.16.1.0
R2(config-router)#network 172.16.3.0
R2(config-router)#version 2
R2(config-router)#no auto-summary
R2(config)#end
R2#
```

（3）R3 的配置

```
Router(config)#hostname R3
R3(config)#interface fastEthernet 0/1
R3(config-if)#ip address 192.168.2.2 255.255.255.0
R3(config-if)#no shutdown
R3(config-if)#exit
R3(config)#interface Serial 0/0
R3(config-if)#ip address 172.16.3.2 255.255.255.0
```

```
R3(config-if)#clock rate 64000
R3(config-if)#no shutdown
R3(config-if)#exit
R3(config)#interface Serial 0/1
R3(config-if)#ip address 172.16.2.2 255.255.255.0
R3(config-if)#no shutdown
R3(config-if)#exit
R3(config)#route rip
R3(config-router)#network 192.168.2.0
R3(config-router)#network 172.16.2.0
R3(config-router)#network 172.16.3.0
R3(config-router)#version 2
R3(config-router)#no auto-summary
R3(config)#end
R3#
```

4．验证

（1）查看路由表的配置

R2#show ip route

（2）查看 RIP 配置信息

R2#sh ip rip database

（3）测试网络连通性

从 PC1 上使用 Ping 命令验证与 PC2 的连通情况。

> **特别提示**
>
> ① 配置 RIP 的 network 命令时只支持 A、B、C 的主网号，如果写入子网则自动转为主网络号。
>
> ② No auto-summary 功能只有在 RIPv2 支持。
>
> ③ 如果配置 No auto-summary 命令后立刻查看路由表，除了能看到子网的路由条目外，还可以看到原本主网络的路由条目，该主网络的路由条目将清除超时的无效计时器、刷新计时器清除。

【任务回顾】

1．选择题

（1）RIP 路由协议依据什么判断最优路由？(　　)

A.带宽　　B.跳数　　C.路径开销　　D.延迟时间

（2）以下哪些关于 RIPv1 和 RIPv2 的描述是正确的？(　　)

A.RIPv1 是无类路由，RIPv2 使用 VLSM

B.RIPv2 是默认的，RIPv1 是必须配置的

C.RIPv2 可以识别子网，RIPv1 是有类路由协议

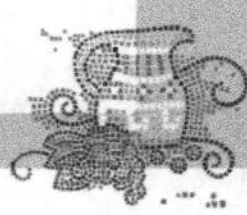

D.RIPv1 用跳数作为度量值，RIPv2 则是使用跳数和路径开销的综合值

（3）RIP 协议相邻路由器发送更新时，（ ）秒更新一次。

A.30 B.20 C.15 D.40

（4）RIP 路由协议的最大跳数是（ ）。

A.25 B.16 C.15 D.1

（5）RIP 路由器的管理距离是（ ）。

A.90 B.100 C.110 D.120

（6）RIP 路由器不会把从某台邻居路由器那里学来的路由信息再发回给它，这种行为被称为什么？( )

A.水平分割 B.出发更新 C.毒性逆转 D.抑制

（7）防止路由环路可以采取的措施包括哪些？( )

A.路由毒化和水平分割

B.水平分割和触发更新

C.单薄更新和抑制计时器

D.关闭自动汇总和触发更新

E.毒性逆转和抑制计时器

（8）关闭 RIP 路由汇总的命令是（ ）。

A.no auto-summary B.auto-summary

C.no ip router D.ip router

（9）下面哪条命令用于检验路由器发送的路由协议？( )

A.Router(config-router)#show route rip

B.Router(config)#show ip rip

C.Router#show ip rip route

D.Router#show ip route

（10）如果要对 RIP 进行调试排错，应该使用哪一个命令？( )

A.Router(config)#debug ip rip

B.Router#show router rip event

C.Router(config)#show ip interface

D.Router#debug ip rip

2．综合题

（1）动态路由协议是如何分类的？

（2）简述 RIP 路由原理。

（3）RIP 路由协议产生环路的原因，采取何种措施能防止路由环路？

（4）RIPv1 与 RIPv2 有哪些不同之处？

（5）如图 3-10 所示拓扑结构图，将网络的三层交换机和路由器的路由用 RIP 来配置，保证全网畅通。具体参数如下。

① 三层交换机：VLAN10:192.168.10.1/24；VLAN20:192.168.20.1/24；
VLAN80:192.168.80.1/24；VLAN100:192.168.100.1/24

② 路由器：F0/0: 192.168.100.2/24；F0/1: 200.2.2.1/24

③ 计算机：PC1: 192.168.10.10/24；PC2: 192.168.20.10/24；

Server: 192.168.80.10/24；Web: 200.2.2.2/24

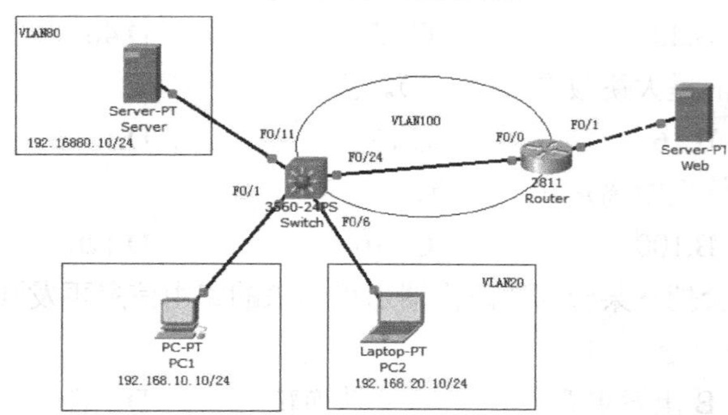

图 3-10　RIP 路由协议拓扑结构

任务 4　OSPF 动态路由的配置

【任务描述】

某职业学院随着近年来的不断扩大，校区也不断增加，为了实现整体信息化建设的需求，需要把分散的校园网络连接为一体，互相分隔的各校区出口利用路由器进行连接；为了提高网络的收敛速度，要求采用 OSPF 协议实现校区的网络互通。小东是学校网络中心的网络管理员，应在路由器上怎样配置才能实现这一目标？

本任务的目标是通过配置 OSPF 动态路由，掌握 OSPF 路由协议，实现校园网络的连通配置，以保障校园网间获得高带宽，稳定链路连接。

【预备知识】

1．链路状态路由协议

以距离矢量算法为代表的 RIP 协议，已不能适应大规模异构类型互联网络连接的需要，特别是不适合有几百个路由器组成的大型网络，或经常更新的网络环境。在这种情况下，需要一种更新的算法，以提高远程路由和本地路由同步更新的速度，因此以基于链路状态的算法为核心的路由协议应运而生。

链路状态路由算法相比距离矢量路由算法需要更强的处理能力，对路由选择过程提供更多的控制和对网络的变化提供更快的响应。

以链接状态算法为核心的路由协议更适合大型网络，同时也由于它的复杂性，使得路由器需要消耗更多的 CPU 和内存资源，因此实现和支持链路状态算法的路由协议需要更昂贵链路成本。

链路状态算法（也称最短路径算法）也把自己了解的路由信息发送到周围互联的网络上，保

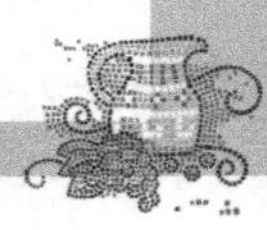

证了链接状态路由协议能够在更短的时间内发现已经断了的链路或机关报连接的路由器，使得协议的汇聚时间比距离矢量路由协议更短。

2. OSPF 路由协议

开放最短路由优先协议（OSPF）是一种基于链路状态的路由协议，OSPF 是一类内部网关协议 IGP，用于属于单个自治体系的路由器之间的路由选择，它通过收集和传递自治系统（AS）的链路状态来动态发现并传播路由。

OSPF 协议计算路由是以本路由器周边网络的拓扑结构为基础的。每台路由器将自己周边的网络拓扑描述出来，并传递给其他所有的路由器。

OSPF 协议号为 89，采用组播方式进行 OSPF 包交换，组播地址为 224.0.0.5（全部 OSPF 路由器）和 224.0.0.6（指定路由器）

3. OSPF 工作过程

OSPF 路由协议利用链路状态算法建立和计算到每个目标网络的最短路径，该算法本身十分复杂，下面简单概述了链路状态算法工作的总体过程。

① 初始化阶段，路由器将产生链路通告，该链路通告包含了该路由器的全部链路状态。

② 所有路由器通过组播的方式交换链路状态信息，每台路由器接收到链路状态更新报文时，将复制一份到本地数据库，然后再传播给其他路由器。

③ 当每台路由器都有一份完整的链路状态数据库时，路由器应用 Dijkstra 算法针对所有目标网络计算最短路径权。该算法中路由器把自己当成根，计算出根到达 SPF 树上每个节点的最低开销路径，最低开销路径最终被加入到路由表中。

4. BGP 路由协议

BGP（Border Gateway Protocol）是一种自治系统间的动态路由发现协议，是一种外部路由协议，与 OSPF、RIP 等内部路由协议不同，其着眼点不在于发现和计算路由，而在于控制路由的传播和选择最好的路由。

BGP 在路由器上有 2 种运行方式：①IBGP（intemal BGP）；② EBGP（External BGP）。

5. 有类路由协议、无类路由协议

有类路由协议在网络宣告时不带子网掩码，在同一网络中，子网掩码保持一致，在网络的边界上交换汇总路由信息。典型的有类路由协议有 RIPv1、IGRP。

无类路由协议在网络宣告时带有子网掩码，无类路由协议支持变长子网掩码，在网络中，无类路由协议可以手动控制汇总路由。典型的无类路由协议有 RIPv2、OSPF、IS-IS。

6. OSPF 路由协议配置命令

OSPF 路由协议配置命令详情如表 3-6 所示。

表 3-6　　OSPF 路由协议配置命令

命令格式	解释	配置模式
Router ospf *process-id*	用于创建 OSPF 路由进程	全局配置模式
Network *network-number wildcard* area *area-id*	定义接口所属区域	OSPF 配置模式
show ip route	查看路由表信息	特权模式
show ip ospf	查看 OSPF 路由协议	
show ip ospf database	验证 OSPF 路由协议的配置情况	
show ip ospf interface	检验已经配置在目标的区域中的接口	
show ip ospf	显示最短路径优先算法执行次数	
debug ip ospf	测试 OSPF	

【任务实施】

实验 1　单区域 OSPF 的配置

按照拓扑结构图，要求通过对路由器进行 OSPF 的配置，实现校园网校区间的正常互连访问，实验拓扑结构图如图 3-11 所示。

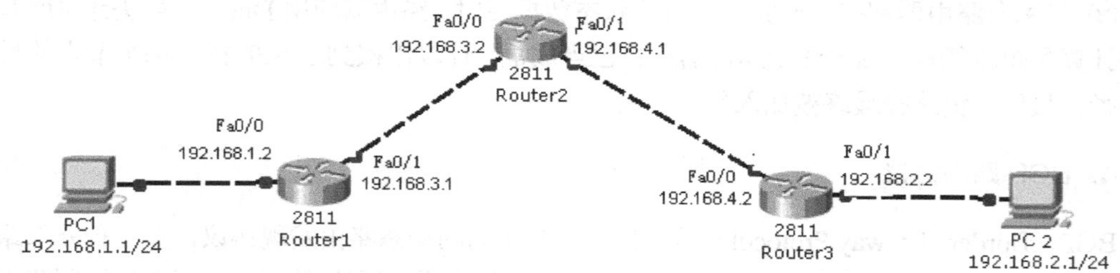

图 3-11　拓扑结构图

1．硬件的连接

在 Packet Tracer 6.0 工作台面中添加 3 台 2811 路由器、2 台 PC，并按实验拓扑结构进行连接。

2．软件的设置

按照拓扑结构图设置 2 台 PC 的 IP 地址，并将其网关地址分别设置为 192.168.1.2 和 192.168.2.2。

3．路由器的基本配置

（1）Router1 的配置

```
Router>enable
Router#config terminal
```

```
Router(config)#hostname R1
R1(config)#interface fastEthernet 0/0
R1(config-if)#ip address 192.168.1.2 255.255.255.0
R1(config-if)#no shutdown
R1(config-if)#exit
R1(config)#interface fastEthernet 0/1
R1(config-if)#ip address 192.168.3.1 255.255.255.0
R1(config-if)#no shutdown
R1(config)#route ospf 10
R1(config-router)#network 192.168.1.0 0.0.0.255 area 0
R1(config-router)#network 192.168.3.0 0.0.0.255 area 0
```

（2）Router2 的配置

```
Router>enable
Router#config terminal
Router(config)#hostname R2
R2(config)#interface fastEthernet 0/0
R2(config-if)#ip address 192.168.3.2 255.255.255.0
R2(config-if)#no shutdown
R2(config-if)#exit
R2(config)#interface fastEthernet 0/1
R2(config-if)#ip address 192.168.4.1 255.255.255.0
R2(config-if)#no shutdown
R2(config)#route ospf 10
R2(config-router)#network 192.168.3.0 0.0.0.255 area 0
R2(config-router)#network 192.168.4.0 0.0.0.255 area 0
```

（3）Router3 的配置

```
Router>enable
Router#config terminal
Router(config)#hostname R3
R3(config)#interface fastEthernet 0/0
R3(config-if)#ip address 192.168.4.2 255.255.255.0
R3(config-if)#no shutdown
R3(config-if)#exit
R3(config)#interface fastEthernet 0/1
R3(config-if)#ip address 192.168.2.2 255.255.255.0
R3(config-if)#no shutdown
R3(config)#route ospf 10
R3(config-router)#network 192.168.4.0 0.0.0.255 area 0
R3(config-router)#network 192.168.2.0 0.0.0.255 area 0
```

4．验证

（1）在 Router 1 上查看 OSPF 的配置情况

```
R1#show ip route
Codes: C - connected, S - static, I - IGRP, R - RIP, M - mobile, B - BGP
       D - EIGRP, EX - EIGRP external, O - OSPF, IA - OSPF inter area
       N1 - OSPF NSSA external type 1, N2 - OSPF NSSA external type 2
       E1 - OSPF external type 1, E2 - OSPF external type 2, E - EGP
       i - IS-IS, L1 - IS-IS level-1, L2 - IS-IS level-2, ia - IS-IS inter area
       * - candidate default, U - per-user static route, o - ODR
       P - periodic downloaded static route
Gateway of last resort is not set
C    192.168.1.0/24 is directly connected, FastEthernet0/0
O    192.168.2.0/24 [110/3] via 192.168.3.2, 00:01:14, FastEthernet0/1
C    192.168.3.0/24 is directly connected, FastEthernet0/1
O    192.168.4.0/24 [110/2] via 192.168.3.2, 00:01:57, FastEthernet0/1
R1#
R1#show ip interface brief
Interface          IP-Address     OK? Method Status                Protocol
 FastEthernet0/0    192.168.1.2    YES manual up                    up
 FastEthernet0/1    192.168.3.1    YES manual up                    up
 Vlan1              unassigned     YES manual administratively down down
R1#
R1#show ip ospf neighbor
Neighbor ID    Pri   State       Dead Time   Address       Interface
192.168.4.1    1     FULL/DR     00:00:37    192.168.3.2   FastEthernet0/1
R1#
R1#show ip ospf neighbor detail
 Neighbor 192.168.4.1, interface address 192.168.3.2
    In the area 0 via interface FastEthernet0/1
    Neighbor priority is 1, State is FULL, 6 state changes
    DR is 192.168.3.2 BDR is 192.168.3.1
    Options is 0x00
    Dead timer due in 00:00:34
    Neighbor is up for 00:07:56
    Index 1/1, retransmission queue length 0, number of retransmission 0
    First 0x0(0)/0x0(0) Next 0x0(0)/0x0(0)
    Last retransmission scan length is 0, maximum is 0
    Last retransmission scan time is 0 msec, maximum is 0 msec
```

（2）测试网络连通性

从 PC1 上使用 Ping 命令验证与 PC2 的连通情况。

特别提示
① 在申明直连网段时，注意要写明该网段的反掩码。
② 在申明直连网段时，必须指明所属的区域。

【任务回顾】

1．选择题

（1）哪种类型的 OSPF 分组可以建立和维持邻居路由器的比邻关系？(　　)

A.链路状态请求　　B.链路状态确认

C.Hello 分组　　D.数据库描述

（2）OSPF 默认的成本度量值是基于下列哪一项？(　　)

A.延时　　B.带宽　　C.效率　　D.网络流量

（3）下面哪个组播地址有 OSPF 路由器？(　　)

A.224.0.0.6　　B.224.0.0.1

C.224.0.0.4　　D.224.0.0.5

（4）下列关于 OSPF 协议的优点描述正确的是什么？(　　)

A.支持变长子网屏蔽码（VLSM）

B.无路由自环

C.支持路由验证

D.对负载分担的支持性能较好

（5）OSPF 路由器的管理距离是（　　）。

A.90　　B.100　　C.110　　D.120

2．综合题

（1）描述 OSPF 路由协议的工作过程。

（2）比较 OSPF 路由协议与 RIP 路由协议，说明它们的异同点。

（3）OSPF 配置命令及步骤。

任务 5　访问控制列表

【任务描述】

某职业学院通过对校园网整体信息化建设进行改造，将各校区的网络之间互联互通，满足了各校区师生对校园网络信息的需求，实现了对校园网络资源的共享，但是为了保证校园网的整体

安全，保障校园网为访问的师生提供有效的服务，例如：包括禁止学生宿舍网访问教师办公网，允许学生访问 FTP 服务，教师办公网不能访问财务服务器等，因此要实施访问控制列表（ACL），以维修校园网的安全。小东是学校网络中心的网络管理员，应怎样配置来实现这一目标？

本任务的目标是通过配置访问控制列表（ACL），掌握访问控制列表的应用，以及安全控制与规则设定，以保障校园网的安全。

【预备知识】

1．访问控制列表 ACL

ACL（Access Control Lists）是交换机的一种数据包过滤机制，通过允许或拒绝特定的数据包进出网络对网络的访问进行控制，从而保证网络的有效和安全运作。

用户可以制定一组规则（rule），每条规则描述了对匹配一定信息的数据包所采取的动作：允许通过（permit）或拒绝通过（deny）。用户可以把这些规则应用到交换机端口的入口或出口方向，这样特定端口上特定方向的数据流就会依照指定的 ACL 规则进出交换机。规则包含的信息可以包括源 MAC、目的 MAC、源 IP、目的 IP、IP 协议号、TCP 端口等组合。

2．访问控制列表的分类

根据不同的标准，访问控制列表可以分为如下几类。

① 根据过滤信息：ip access-list（三层以上信息），mac access-list（二层信息），mac-ip access-list（二层以上信息）。

② 根据配置的复杂程度：标准（standard）和扩展（extended），扩展方式可以指定更加细致的过滤信息。

标准 ACL：标准 ACL 只能过滤 IP 数据包头中的源 IP 地址，如图 3-12 所示。

扩展 ACL：扩展 ACL 允许用户根据如下内容过滤数据包：源和目的地址、协议、源和目的端口，以及在特定报文字段中允许进行特殊比较的各种选项，如图 3-13 所示。

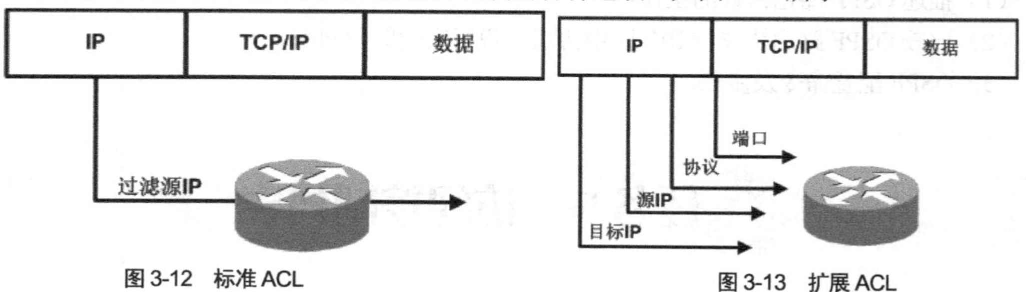

图 3-12　标准 ACL　　图 3-13　扩展 ACL

③ 根据命名方式：数字（numbered）和命名（named）。

3．访问控制列表的作用

① 方式安全控制：允许一些符合匹配规则的数据包通过，同时拒绝另一些不符合匹配规则的数据包通过。

② 流量过滤：防止一些不必要的数据包通过路由器，从而提高网络带宽的利用率。

③ 数据流量标识：当存在 2 条或 2 条以上的网络链路时，访问控制列表与路由策略等来实现分工，从而让不同的数据包选择不同的链路。

4．Access-group

当用户按照实际需要制定了一组访问列表后，就可以把它们分别应用到不同端口的不同方向上。Access-group 就是对特定的一条访问列表与特定端口的特定方向的绑定关系的描述。

当建立了一条 Access-group 之后，流经此端口此方向的所有数据包都会试图匹配指定的 Access-list 规则，以决定交换动作是允许（permit）还是拒绝（deny）。另外还可以在端口加上对 ACL 规则统计的计数器，以便统计流经端口的符合 ACL 规则数据包的数量。

5．Access-list 动作及全局默认动作

Access-list 动作及默认动作分为 2 种：允许通过(permit)或拒绝通过(deny)。具体如下所示。

① 在一个 access-list 内，可以有多条规则（rule）。对数据包的过滤从第一条规则（rule）开始，直到匹配到一条规则（rule），其后的规则（rule）不再进行匹配。

② 全局默认动作只对端口入口方向的 IP 包有效。对于入口的非 IP 数据包以及出口的所有数据包，其默认转发动作均为允许通过（permit）。

③ 只有在包过滤功能打开且端口上没有绑定任何的 ACL 或不匹配任何绑定的 ACL 时才会匹配入口的全局的默认动作。

④ 当一条 access-list 被绑定到一个端口的出口方向时，其规则（rule）的动作只能为拒绝通过（deny）。

6．ACL 配置命令

ACL 命令包括条件和操作 2 个组件，条件是用于匹配数据包内容的，当条件匹配时，会采取一个操作，允许或拒绝。

（1）通过编号方式创建标准 ACL

表 3-7 所示为通过编号方式创建标准 ACL。

表 3-7　　通过编号方式创建标准 ACL

命令格式	解释	配置模式
access-list *listnumber* { permit | deny } address [*wildcard–mask*]	创建编号标准 ACL，其中： *listnumber* 为访问列表序号，IP 标准访问列表的序号是 1～99； permit 为允许满足条件的数据包通过； deny 为禁止满足条件的数据包通过； address 为要被过滤数据包的源 IP 地址； *wildcard–mask* 为通配屏蔽码，1 表示不检查位，0 表示必须匹配位。 注意：用 no access-list *listnumber* 命令删除指定的访问控制列表	全局配置模式

续表

命令格式	解释	配置模式
ip access-group *listnumber* {in|out}	应用编号标准 ACL，其中： *listnumber* 为 IP 访问列表的编号（1～99）； in 为对进入该端口的报文进行过滤； out 为对从该端口输出的报文进行过滤。 注意：用 no ip access-group *listnumber* 命令取消访问控制列表与端口的关联	接口配置模式
show access-lists *listnumber*	查看访问控制列表，其中： *listnumber* 为 IP 访问列表的编号（1～99）	特权配置模式

（2）通过命名方式创建标准 ACL

表 3-8 所示为通过命令方式创建标准 ACL。

表 3-8　　通过命名方式创建标准 ACL

命令格式	解释	配置模式
ip access-list standard *name*	创建命名标准 ACL，其中： *name* 为用数字或名字来定义一条 IP ACL 名字。 注意：用 no ip access-list standard *name* 命令删除该访问控制列表	全局配置模式
[permit|deny]{*source source-wildcard*|*hostsource*|*any*}	允许/拒绝命令，其中： Permit 为允许通过； Deny 为拒绝通过； *Source* 为要被过滤数据包的源 IP 地址； *Source mask* 为通配屏蔽码，1 表示不检查位，0 表示必须匹配位； *hostsource* 为特定一台主机源地址（相当通配屏蔽码 0.0.0.0）； *any* 为任何主机源地址（相当于通配屏蔽码 255.255.255.255）	ACL 配置模式
ip access-group *name* {in| out}	应用命名标准 ACL，其中： *name* 为 IP ACL 的名字 in 为对进入该端口的报文进行过滤； out 为对从该端口输出的报文进行过滤。 注意：用 no ip access-group *name* {in| out}命令取消应用	接口配置模式
show access-lists *name*	查看访问控制列表，其中： *name* 为用数字或名字来定义一条 IP ACL 名字	特权配置模式

（3）通过编号方式创建扩展 ACL

表 3-9 所示为通过编号方式创建扩展 ACL。

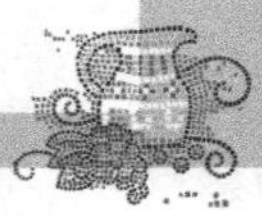

表 3-9　　通过编号方式创建扩展 ACL

命令格式	解释	配置模式
aaccess-list *listnumber* {permit|deny} *protocol source source-wildcard-mask destination destination- wildcard-mask [operator port]*	创建编号扩展 ACL，其中： *Listnumber*：100～199，2000～2699； *Protocol*：协议（如 IP、TCP 和 UDP）； Permit：允许满足条件的数据包通过； Deny：禁止满足条件的数据包通过； *source*：要被过滤数据包的源 IP 地址； *source-wildcard-mask*：源地址通配屏蔽码，1 表示不检查位，0 表示必须匹配位； *destination*：要被过滤数据包的目的 IP 地址； *destination-wildcard-mask*：目的地址通配屏蔽码，1 表示不检查位，0 表示必须匹配位； *operator*：操作符（lt-小于，eq-等于，gt-大于，neg-不等于，range-包含）； *port*：端口号，默认为全部端口号 0～65535	全局配置模式
ip access-group *listnumber* {in|out}	应用编号标准 ACL，其中： *listnumber* 为 IP 访问列表的编号（100～199）； in 为对进入该端口的报文进行过滤； out 为对从该端口输出的报文进行过滤。 注意：用 no ip access-group *listnumber* 命令取消访问控制列表与端口的关联	接口配置模式
show access-lists *listnumber*	查看访问控制列表，其中： *listnumber* 为 IP 访问列表的编号（100～199）	特权配置模式

（4）通过命名方式创建扩展 ACL

表 3-10 所示为通过命名方式创建扩展 ACL。

表 3-10　　通过命名方式创建扩展 ACL

命令格式	解释	配置模式
ip access-list extended *name*	创建命名标准 ACL，其中： *name* 为用数字或名字来定义一条 IP ACL 名字。 注意：用 no ip access-list extended *name* 命令删除该访问控制列表	全局配置模式
[permit|deny] *protocol{source source-wildcard}{destination destination-wildcard }[operator port]*	允许/拒绝命令，其中： permit：允许满足条件的数据包通过； deny：禁止满足条件的数据包通过； *protocol*：协议（如 IP、TCP 和 UDP； *source*：被过滤数据包的源 IP 地址； *source-wildcard-mask*：源地址通配屏蔽码，1 表示不检查位，0 表示必须匹配位； *destination*：要被过滤数据包的目的 IP 地址； *destination-wildcard-mask*：目的地址通配屏蔽码，1 表示不检查位，0 表示必须匹配位； *operator*：操作符（lt-小于，eq-等于，gt-大于，neg-不等于，range-包含）； *port*：端口号	ACL 配置模式

续表

命令格式	解释	配置模式
ip access-group *name* {in| out}	应用命名扩展 ACL，其中： *name* 为 IP ACL 的名字； in 为对进入该端口的报文进行过滤； out 为对从该端口输出的报文进行过滤。 注意：用 no ip access-group *name* {in| out}命令取消应用	接口配置模式
show access-lists *name*	查看访问控制列表，其中： *name* 为用数字或名字来定义一条 IP ACL 名字	特权配置模式

【任务实施】

实验 1　利用 IP 标准访问列表进行网络流量的控制

为了财务网段的数据安全，某职业学院领导要求学生宿舍网段不允许进行访问财务网段，而行政办公网段可以访问财务网段。IP 标准访问列表进行网络流量的控制图如图 3-14 所示。

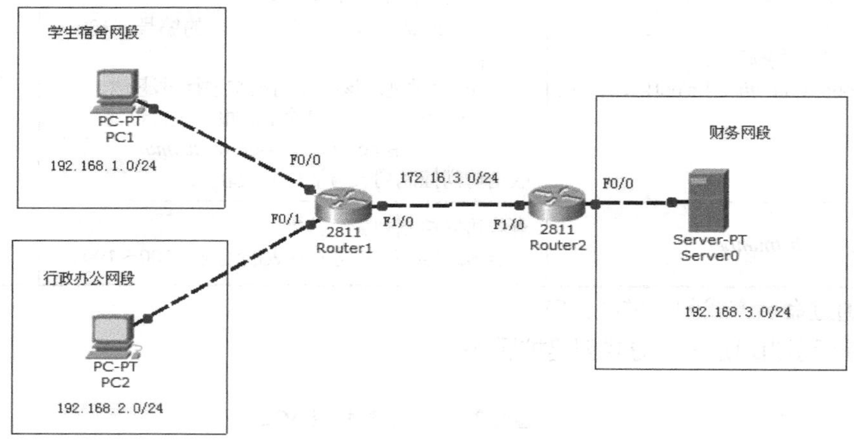

图 3-14　IP 标准访问列表进行网络流量的控制

1．硬件的连接

在 Packet Tracer 6.0 工作台面中添加 2 台 2811 路由器（其中 1 台增加 NM-4E 模块）、2 台 PC 和 1 台服务器，并按实验拓扑结构进行连接和 IP 地址设置。

① Router1 的 IP 地址设置为：F0/0 :192.168.1.254/24，F0/1 :192.168.2.254/24，F1/0 :172.16.4.1/24。

② Router2 的 IP 地址设置为：F1/0：172.16.4.2/24，F0/0 :192.168.3.254/24。

2．软件设置

① 设置 PC1 的 IP 地址为 192.168.1.1/24，网关为 192.168.1.254。

② 设置 PC2 的 IP 地址为 192.168.2.1/24，网关为 192.168.2.254。

③ 设置 Server0 的 IP 地址为 192.168.3.1/24，网关为 192.168.3.254。

3．路由器的基本配置

（1）Router1 的基本配置

Router>en

Router#conf t

Enter configuration commands, one per line.　End with CNTL/Z.

Router(config)#hostname Router1

Router1(config)#int f0/0

Router1(config-if)#ip add 192.168.1.254 255.255.255.0

Router1(config-if)#no shut

router1(config-if)#

%LINK-5-CHANGED: Interface FastEthernet0/0, changed state to up

%LINEPROTO-5-UPDOWN: Line protocol on Interface FastEthernet0/0, changed state to up

Router1(config-if)#exit

Router1(config)#int f0/1

Router1(config-if)#ip add 192.168.2.254 255.255.255.0

Router1(config-if)#no shut

router1(config-if)#

%LINK-5-CHANGED: Interface FastEthernet0/1, changed state to up

%LINEPROTO-5-UPDOWN: Line protocol on Interface FastEthernet0/1 changed state to up

Router1(config-if)#exit

Router1(config)#int f1/0

Router1(config-if)#ip add 172.16.4.1 255.255.255.0

Router1(config-if)#no shut

Router1(config-if)#

%LINK-5-CHANGED: Interface FastEthernet1/01, changed state to up

Router1(config-if)#exit

Router1(config)#

（2）Router2 的基本配置

Router>en

Router#conf t

Enter configuration commands, one per line.　End with CNTL/Z.

Router(config)#hostname Router2

Router2(config)#int f0/0

Router2(config-if)#ip add 192.168.3.254 255.255.255.0

Router2(config-if)#no shut

Router2(config-if)#

%LINK-5-CHANGED: Interface FastEthernet0/0, changed state to up

%LINEPROTO-5-UPDOWN: Line protocol on Interface FastEthernet0/0, changed state to up

```
Router2(config-if)#exit
Router2(config)#int f1/0
Router2(config-if)#ip add 172.16.4.2 255.255.255.0
Router2(config-if)#no shut
Router2(config-if)#
%LINK-5-CHANGED: Interface FastEthernet1/0, changed state to up
%LINEPROTO-5-UPDOWN: Line protocol on Interface FastEthernet1/0 changed state to up
Router2(config-if)#exit
```

（3）配置默认路由

```
Router1(config)#ip route 0.0.0.0 0.0.0.0 172.16.3.1
Router2(config)#ip route 0.0.0.0 0.0.0.0 172.16.3.2
```

4．配置 ACL 之前的验证

① 在 PC1 上使用 Ping 命令测试与 Server0 的连通性。

```
PC>ping 192.168.3.1
Pinging 192.168.3.1 with 32 bytes of data:
Reply from 192.168.3.1: bytes=32 time=94ms TTL=126
Reply from 192.168.3.1: bytes=32 time=93ms TTL=126
Reply from 192.168.3.1: bytes=32 time=94ms TTL=126
Reply from 192.168.3.1: bytes=32 time=93ms TTL=126
Ping statistics for 192.168.3.1:
    Packets: Sent = 4, Received = 4, Lost = 0 (0% loss),
Approximate round trip times in milli-seconds:
    Minimum = 93ms, Maximum = 94ms, Average = 93ms
```

② 在 PC2 上使用 Ping 命令测试与 Server0 的连通性。

```
PC>ping 192.168.3.1
Pinging 192.168.3.1 with 32 bytes of data:
Reply from 192.168.3.1: bytes=32 time=94ms TTL=126
Reply from 192.168.3.1: bytes=32 time=93ms TTL=126
Reply from 192.168.3.1: bytes=32 time=94ms TTL=126
Reply from 192.168.3.1: bytes=32 time=93ms TTL=126
Ping statistics for 192.168.3.1:
    Packets: Sent = 4, Received = 4, Lost = 0 (0% loss),
Approximate round trip times in milli-seconds:
    Minimum = 93ms, Maximum = 94ms, Average = 93ms
```

5．标准 ACL 的配置

在 Router2 上进行标准 ACL 的配置，实现学生宿舍网段不允许进行访问财务网段的配置要求，行政办公网段可以访问财务网段的配置要求。

```
Router2(config)#access-list 10 deny 192.168.1.0 0.0.0.255
                                    /拒绝学生宿舍网段网段的访问
Router2(config)#access-list 10 permit 192.168.2.0 0.0.0.255
Router2(config)#interface F0/0              /标准 ACL 绑定在离目标最近的接口
Router2(config-if)#ip access-group 10 out
```

实验 2　利用 IP 扩展访问列表实现应用服务的访问控制

在某职业学院校园网上，一台三层交换上连接了 WWW 和 FTP 的服务器，领导要求学生宿舍网段只能进行 FTP 访问，不能进行 WWW 访问，教工宿舍网段则没有此限制。实验拓扑结构如图 3-15 所示。

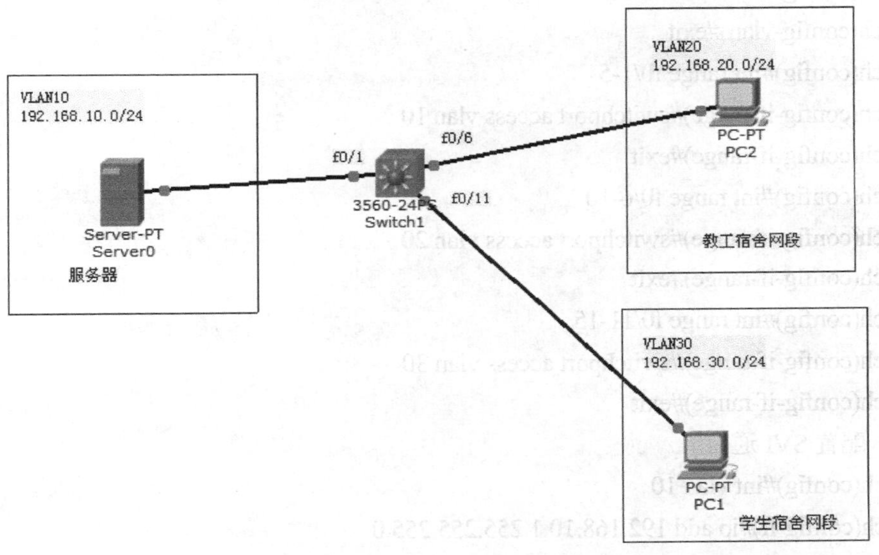

图 3-15　IP 扩展访问列表实现应用服务的访问控制

1．硬件的连接

在 Packet Tracer 6.0 工作台面中添加 1 台 Switch、2 台 PC 和 1 台服务器，并按实验拓扑结构进行连接和 IP 地址设置。

2．软件设置

① 设置 PC1 的 IP 地址为 192.168.30.2/24，网关为 192.168.20.1。
② 设置 PC2 的 IP 地址为 192.168.20.2/24，网关为 192.168.30.1。
③ 设置 Server0 的 IP 地址为 192.168.10.2/24，网关为 192.168.10.1。

3．三层交换机的基本配置

（1）Switch1 的基本配置

```
Switch>
Switch>en
```

```
Switch#conf t
Enter configuration commands, one per line.    End with CNTL/Z.
Switch(config)#vlan 10
Switch(config-vlan)#name Server
Switch(config-vlan)#exit
Switch(config)#vlan 20
Switch(config-vlan)#name teachers
Switch(config-vlan)#exit
Switch(config)#vlan 30
Switch(config-vlan)#name students
Switch(config-vlan)#exit
Switch(config)#int range f0/1-5
Switch(config-if-range)#switchport access vlan 10
Switch(config-if-range)#exit
Switch(config)#int range f0/6-10
Switch(config-if-range)#switchport access vlan 20
Switch(config-if-range)#exit
Switch(config)#int range f0/11-15
Switch(config-if-range)#switchport access vlan 30
Switch(config-if-range)#exit
```

（2）配置 SVI 通信

```
Switch(config)#int vlan 10
Switch(config-if)#ip add 192.168.10.1 255.255.255.0
Switch(config-if)#exit
Switch(config)#int vlan 10
Switch(config-if)#ip add 192.168.20.1 255.255.255.0
Switch(config-if)#exit
Switch(config)#int vlan 10
Switch(config-if)#ip add 192.168.30.1 255.255.255.0
Switch(config-if)#exit
Switch(config)#ip routing
```

4．配置 ACL 之前的验证

在 PC1、PC2 上使用 IP 地址访问 Server0 服务器的 WWW、FTP 的网页，如图 3-16、图 3-17 所示。

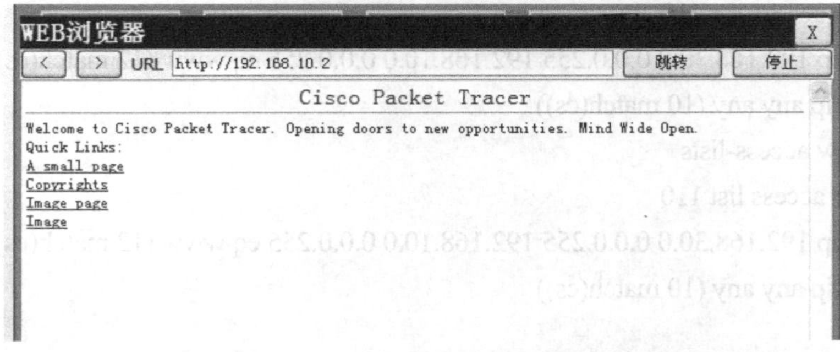

图 3-16　使用 IP 地址访问 WEB 服务器

```
命令提示符

Packet Tracer PC Command Line 1.0
PC>ftp://192.168.10.2
Invalid Command.

PC>ftp
Packet Tracer PC Ftp

Usage: ftp target

PC>ftp://192.168.10.2
Invalid Command.

PC>
PC>ftp 192.168.10.2
Trying to connect...192.168.10.2
Connected to 192.168.10.2
220- Welcome to PT Ftp server
Username:123
331- Username ok, need password
Password:
230- Logged in
(passive mode On)
ftp>
```

图 3-17　用 IP 地址访问 FTP 服务器

5. 扩展 ACL 的配置

在 Switch1 上进行扩展 ACL 的配置，实现学生宿舍网段可以访问服务器网段的 FTP 服务，不允许访问 WWW，而教工宿舍网段不受限制的配置要求。

Switch(config)#access-list 110 deny tcp 192.168.30.0 0.0.0.255 192.168.10.0 0.0.0.255 eq www /拒绝学生宿舍网段的访问 WWW 服务

Switch(config)#access-list 110 permit ip any any

Switch(config)#int vlan 30

Switch(config-if)#ip access-group 110 in　　扩展 ACL 通常放在离源比较近的接口

Switch(config-if)#exit

Switch(config)#

6. 配置 ACL 之后的验证

（1）在 Switch1 上查看 ACL 的配置

Switch#show access-lists

```
Extended IP access list 110
    deny tcp 192.168.30.0 0.0.0.255 192.168.10.0 0.0.0.255 eq www (12 match(es))
    permit ip any any (10 match(es))
Switch#show access-lists
Extended IP access list 110
    deny tcp 192.168.30.0 0.0.0.255 192.168.10.0 0.0.0.255 eq www (12 match(es))
    permit ip any any (10 match(es))
Switch#
```

（2）测试连通性

在 PC1、PC2 主机上 Ping 服务器 Server0 的 IP 地址，再使用浏览器通过 IP 地址访问 server0 的 Web 服务，结果符合实验的要求，是成功的。

实验 3　ACL 的配置

根据实验要求：①172.16.0.x 网络的主机不能访问 192.168.1.x 网络；②172.16.1.0、172.16.2.0 网络的主机可以 Ping 通 192.168.1.1 服务器，并且可以使用 IP 地址访问到 WWW 服务，但不能使用 www.china.com 域名访问到 WWW 服务器（可以 ping 通 www.china.com 域名）。ACL 配置实验拓扑结构如图 3-18 所示。

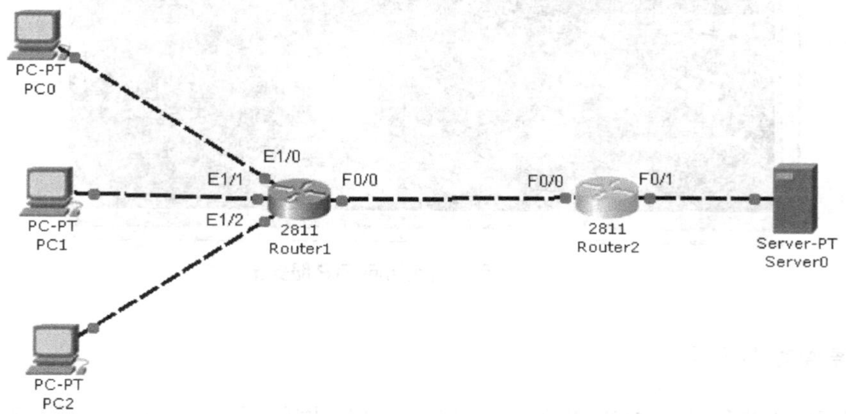

图 3-18　ACL 配置实验

1．硬件的连接

在 Packet Tracer 6.0 工作台面中添加 2 台 2811 路由器（其中 1 台增加 NM-4E 模块）、3 台 PC 和 1 台服务器，并按实验拓扑结构进行连接和 IP 地址设置。

① Router1 的 IP 地址设置为：Eth1/0 :172.16.0.2/24，Eth1/1 :172.16.1.2/24，Eth1/2 :172.16.2.2/24，F0/0 :10.0.0.1/24。

② Router2 的 IP 地址设置为：F0/0 :10.0.0.2/24，F0/1 :192.168.1.2/24。

2．软件设置

① 设置 Server0 的 IP 地址为 192.168.1.1/24，网关为 192.168.1.2，启用服务器的 HTTP 服务和 DNS 服务，同时在 DNS 添加一条 A 记录，如图 3-19 所示。

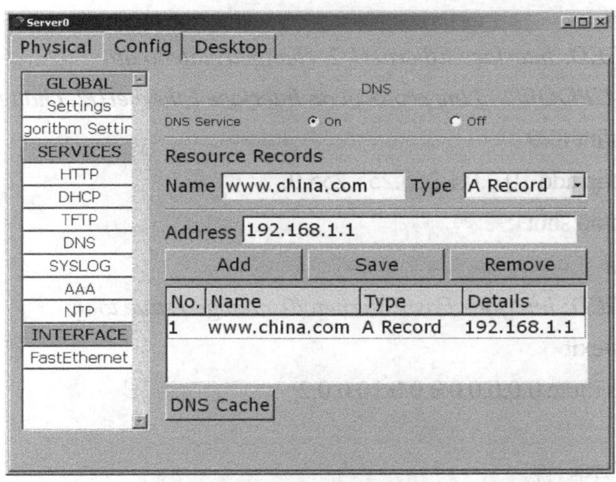

图 3-19　DNS 的设置

② 设置 PC0 的 IP 地址为 172.16.0.1/24，网关为 172.16.0.2，DNS 为 192.168.1.1。

③ 设置 PC1 的 IP 地址为 172.16.1.1/24，网关为 172.16.1.2，DNS 为 192.168.1.1。

④ 设置 PC1 的 IP 地址为 172.16.2.1/24，网关为 172.16.2.2，DNS 为 192.168.1.1。

3．路由器的基本配置

（1）Router1 的基本配置

Router>en

Router#conf t

Enter configuration commands, one per line.　End with CNTL/Z.

Router(config)#hostname Router1

Router1(config)#int e1/0

Router1(config-if)#ip add 172.16.0.2 255.255.255.0

Router1(config-if)#no shut

router1(config-if)#

%LINK-5-CHANGED: Interface Ethernet1/0, changed state to up

%LINEPROTO-5-UPDOWN: Line protocol on Interface Ethernet1/0, changed state to up

Router1(config-if)#int e1/1

Router1(config-if)#ip add 172.16.1.2 255.255.255.0

Router1(config-if)#no shut

Router1(config-if)#

%LINK-5-CHANGED: Interface Ethernet1/1, changed state to up

%LINEPROTO-5-UPDOWN: Line protocol on Interface Ethernet1/1, changed state to up

Router1(config-if)#int e1/2

Router1(config-if)#ip add 172.16.2.2 255.255.255.0

Router1(config-if)#no shut

```
Router1(config-if)#
%LINK-5-CHANGED: Interface Ethernet1/2, changed state to up
%LINEPROTO-5-UPDOWN: Line protocol on Interface Ethernet1/2, changed state to up
Router1(config-if)#int f0/0
Router1(config-if)#ip add 10.0.0.1 255.255.255.0
Router1(config-if)#no shut
Router1(config-if)#
%LINK-5-CHANGED: Interface FastEthernet0/0, changed state to up
Router1(config-if)#exit
Router1(config)#ip route 0.0.0.0 0.0.0.0 10.0.0.2
Router1(config)#
```

（2）Router2 的基本配置

```
Router>en
Router#conf t
Enter configuration commands, one per line.  End with CNTL/Z.
Router(config)#hostname Router2
Router2(config)#int f0/0
Router2(config-if)#ip add 10.0.0.2 255.255.255.0
Router2(config-if)#no shut
Router2(config-if)#
%LINK-5-CHANGED: Interface FastEthernet0/0, changed state to up
%LINEPROTO-5-UPDOWN: Line protocol on Interface FastEthernet0/0, changed state to up
Router2(config-if)#int f0/1
Router2(config-if)#ip add 192.168.1.2 255.255.255.0
Router2(config-if)#no shut
Router2(config-if)#
%LINK-5-CHANGED: Interface FastEthernet0/1, changed state to up
%LINEPROTO-5-UPDOWN: Line protocol on Interface FastEthernet0/1, changed state to up
Router2(config-if)#exit
Router2(config)#ip route 0.0.0.0 0.0.0.0 10.0.0.1
Router2(config)#
```

4．配置 ACL 之前的验证

① 在 PC0 上使用 Ping 命令测试与 Server0 的连通性。

```
PC>ping 192.168.1.1
Pinging 192.168.1.1 with 32 bytes of data:
Reply from 192.168.1.1: bytes=32 time=94ms TTL=126
Reply from 192.168.1.1: bytes=32 time=93ms TTL=126
Reply from 192.168.1.1: bytes=32 time=94ms TTL=126
```

Reply from 192.168.1.1: bytes=32 time=93ms TTL=126

Ping statistics for 192.168.1.1:

Packets: Sent = 4, Received = 4, Lost = 0 (0% loss),

Approximate round trip times in milli-seconds:

Minimum = 93ms, Maximum = 94ms, Average = 93ms

② 在 PC1 上使用 Ping 命令测试 DNS 服务的工作情况。

PC>ping www.china.com

Pinging 192.168.1.1 with 32 bytes of data:

Reply from 192.168.1.1: bytes=32 time=110ms TTL=126

Reply from 192.168.1.1: bytes=32 time=79ms TTL=126

Reply from 192.168.1.1: bytes=32 time=94ms TTL=126

Reply from 192.168.1.1: bytes=32 time=125ms TTL=126

Ping statistics for 192.168.1.1:

Packets: Sent = 4, Received = 4, Lost = 0 (0% loss),

Approximate round trip times in milli-seconds:

③ 在 PC2 上使用 Web 浏览器通过域名和 IP 地址分别浏览 Server0 的网页，如图 3-20、图 3-21 所示。

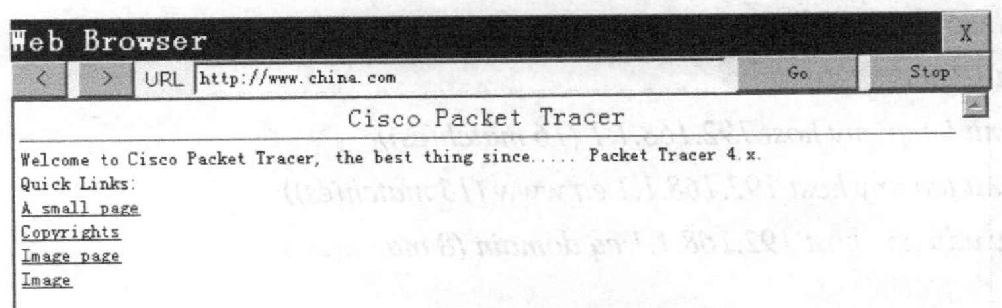

图 3-20　使用域名访问 Web 服务器

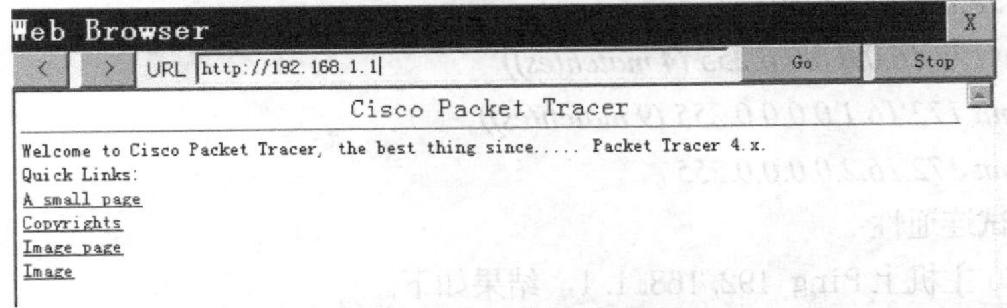

图 3-21　使用 IP 地址访问 Web 服务器

5. 标准 ACL 的配置

在 Router2 上进行标准 ACL 的配置，实现 172.16.0.x 网络的主机不能访问 192.168.1.x 网络的配置要求。

Router2(config)#access-list 10 deny 172.16.0.0 0.0.0.255　　/拒绝 172.16.0.0/24 网段的访问

Router2(config)#access-list 10 permit 172.16.1.0 0.0.0.255

Router2(config)#access-list 10 permit 172.16.2.0 0.0.0.255

Router2(config)#interface F0/1 /标准 ACL 绑定在离目标最近的接口

Router2(config-if)#ip access-group 10 out

6. 扩展 ACL 的配置

在 Router1 上进行扩展 ACL 的配置，实现 172.16.1.0、172.16.2.0 网络的主机可以 Ping 通 192.168.1.1 服务器，并且可以使用 IP 地址访问到 WWW 服务，但不能使用 www.china.com 域名访问到 WWW 服务器（可以 Ping 通 www.china.com 域名）的配置要求。

Router1(config)#ip access-list extended ac

Router1(config-ext-nacl)# deny udp any host 192.168.1.1 eq domain

Router1(config-ext-nacl)#permit tcp any host 192.168.1.1 eq www

Router1(config-ext-nacl)# permit icmp any host 192.168.1.1

Router1(config-ext-nacl)#exit

Router1(config)#int f0/0 /扩展 ACL 通常放在离源比较近的接口

Router1(config-if)#ip access-group ac out

7. 配置 ACL 之后的验证

（1）在 Router1 和 Router2 上分别查看 ACL 的配置

Router1#show access-lists

Extended IP access list ac

permit icmp any host 192.168.1.1 (16 match(es))

permit tcp any host 192.168.1.1 eq www (15 match(es))

deny udp any host 192.168.1.1 eq domain (8 match(es))

Router2#show access-lists

Standard IP access list 10

deny 172.16.0.0 0.0.0.255 (4 match(es))

permit 172.16.1.0 0.0.0.255 (9 match(es))

permit 172.16.2.0 0.0.0.255

（2）测试连通性

① 在 PC0 主机上 Ping 192.168.1.1，结果如下。

PC>ping 192.168.1.1

Pinging 192.168.1.1 with 32 bytes of data:

Reply from 10.0.0.2: Destination host unreachable.

Reply from 10.0.0.2: Destination host unreachable.

Reply from 10.0.0.2: Destination host unreachable.

Reply from 10.0.0.2: Destination host unreachable.

Ping statistics for 192.168.1.1:

Packets: Sent = 4, Received = 0, Lost = 4 (100% loss),

② 在 PC1、PC2 主机上 Ping 服务器 Server0 的 IP 地址，再使用浏览器通过 IP 地址访问 Server0

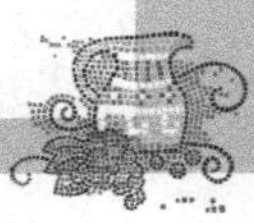

的 Web 服务，结果都是成功的。

③ 在 PC1、PC2 主机上 Ping 服务器 Server0 的域名，再使用浏览器通过域名访问 Server0 的 Web 服务，结果都是失败的。

特别提示

① 每条访问控制列表都有隐含的拒绝，访问列表中至少要有一条允许。

② 标准访问控制列表一般绑定在离目标最近的接口。

③ 扩展访问列表通常放在离源比较近的接口。

④ 以接口为参考点，IN 是流进的方向，OUT 是流出的方向。

【任务回顾】

1．选择题

（1）访问控制列表具有哪些作用？(　　)

A.安全控制　　　　　　　B.流量过滤

C.数据流量标识　　　　　D.流量控制

（2）访问控制列表是路由器的一种安全策略，假设要用一个标准 IP 访问列表来做安全控制，以下为标准访问列表的例子是（　　）。

A.access-list standard 192.168.10.23

B.access-list 10 deny 192.168.10.23 0.0.0.0

C.access-list 101 deny 192.168.10.23 0.0.0.0

D.access-list 101 deny 192.168.10.23 255.255.255.255

（3）标准 IP 访问列表的号码范围是（　　）。

A.1-99　　B.100-199　　C.800-899　　D.900-999

（4）在 ACL 配置中，用于指定拒绝某一主机的配置命令有（　　）。

A.deny 192.168.11.1 0.0.0.255

B.deny 192.168.11.1 0.0.0.0

C.deny host 192.168.11.1

D.deny deny

（5）以下情况可以使用访问控制列表准确描述的是（　　）。

A.禁止有 CIH 病毒的文件到我的主机

B.只允许系统管理员可以访问我的主机

C.禁止所有使用 Telnet 的用户访问我的主机

D.禁止使用 UNIX 系统的用户访问我的主机

（6）　配置如下 2 条访问控制列表：

Access-list 1 permit 10.110.10.1 0.0.255.255

Access-list 2 permit 10.110.100.100 0.0.255.255

访问控制列表 1 和 2 所控制的地址范围关系是（　　）。

A.1 和 2 的范围相同

B.1 的范围在 2 的范围内

C.2 的范围在 1 的范围内

D.1 和 2 的范围没有包含关系

（7） 访问控制列表 Access-list 102 deny udp 129.9.8.10 0.0.0.255 202.38.160.10 0.0.0.255 gt 128 的含义是（　　）。

A.规则序列号是 102，禁止从 202.38.160.0/24 网段的主机到 129.9.8.0/24 网段的主机使用端口大于 128 的 udp 协议进行连接

B.规则序列号是 102，禁止从 202.38.160.0/24 网段的主机到 129.9.8.0/24 网段的主机使用端口小于 128 的 udp 协议进行连接

C.规则序列号是 102，禁止从 129.9.8.0/24 网段的主机到 202.38.160.0/24 网段的主机使用端口大于 128 的 udp 协议进行连接

D.规则序列号是 102，禁止从 129.9.8.0/24 网段的主机到 202.38.160.0/24 网段的主机使用端口小于 128 的 udp 协议进行连接

（8）标准访问控制列表以（　）作为判别条件。

A.数据包的大小

B.数据包的源地址

C.数据包的端口号

D.数据包的目的地址

2．综合题

（1）标准 ACL 的工作原理。

（2）扩展 ACL 的工作原理。

（3）标准 ACL 主要解决什么问题及应用环境？

（4）展 ACL 主要解决什么问题及应用环境？

（5）标准 ACL 配置命令及步骤。

（6）扩展 ACL 配置命令及步骤。

项目四

无线局域网的配置

【项目导入】

由于无线传输技术的迅猛发展以及人们对无线传输方式的青睐，同时无线方式也可以解决有线不能覆盖的区域的网络应用问题，因此，无线局域网的应用越来越广泛。掌握无线局域网的配置，对从事网络技术的技术人员有重大意义。本项目主要掌握无线局域网的标准、网络设备、网络安全技术及无线局域网的模式等相关知识及配置。

【学习目标】

✧ 了解 IEEE 802.11 标准

✧ 认识常见的无线局域网设备和拓扑结构

✧ 理解无线局域网架构方法

✧ 理解无线局域网安全技术

✧ 掌握无线局域网的配置

任务 1 安装 Ad-hoc 结构无线局域网

【任务描述】

小东是某职业学院的网络管理员，有时要参加技术研讨会议，会议期间要和其他单位的技术人员交换资料，但是由于计算机不能上网，也没有带相关的存储设备（如 U 盘等），小东发现双方的笔记本电脑都有无线网卡，于是提出通过 Ad-hoc 模式组网，以实现数据的传输。小东应该怎样构建 Ad-hoc 结构无线局域网呢？

本任务的目的是通过 Ad-hoc 结构无线局域网的配置，了解无线局域网的标准及无线传输的特点，掌握 Ad-hoc 结构无线局域网的构建及配置。

【预备知识】

1. 无线局域网概述

无线局域网络（Wireless Local Area Networks，WLAN）是计算机网络技术与无线通信技术结合的产物。它利用射频（Radio Frequency，RF）技术，取代旧式的双绞线构成局域网络，能够提供传统有线局域网的所有功能。无线网络所需的基础设施不需再埋在地下或隐藏在墙里，并且可以随需要移动或变化。

2. IEEE 802.11

IEEE 802.11 标准定义了物理层和媒体访问控制（MAC）协议的规范，允许无线局域网及无线设备制造商在一定范围内建立互操作网络设备。

1999 年 IEEE 批准了 IEEE 802.11a（频段 5GHz，速度 54Mbit/s）标准和 IEEE 802.11b（频段 2.4GHz，速度 11Mbit/s）标准。2003 年 6 月，IEEE 又批准了 IEEE 802.11g（频段 2.4G，速度 54Mbit/s）标准。

表 4-1 主要的无线技术标准

无线技术与标准	802.11	802.11a	802.11b	802.11g	802.11n
推出时间	1997 年	1999 年	1999 年	2002 年	2006 年
工作频段	2.4GHz	5GHz	2.4GHz	2.4GHz	2.4GHz 和 5 GHz
最高传输速率	2Mbit/s	54Mbit/s	11Mbit/s	54Mbit/s	108Mbit/s 以上
实际传输速率	低于 2Mbit/s	31Mbit/s	6Mbit/s	20Mbit/s	大于 30Mbit/s
传输距离	100M	80M	100M	150M 以上	100M 以上
主要业务	数据	数据 图像、语音	数据、图像	数据、 图像、语音	数据、语音、 高清图像
成本	高	低	低	低	低

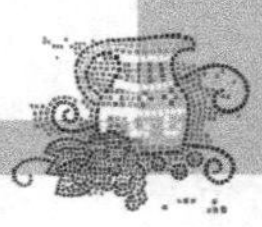

为了实现高带宽、高质量的 WLAN 服务，使无线局域网达到以太网的性能水平，802.11n 应运而生，802.11n 具有以下特点。

① 802.11n 可以将 WLAN 的传输速率由目前 802.11a 及 802.11g 提供的 54Mbit/s，提供高 300Mbit/s 甚至高达 600Mbit/s。

② 802.11n 采用智能天线技术，通过多组独立天线组成的天线阵列，可以动态调整波束，保证让 WLAN 用户接收到稳定的信号，并可以减少其他信号的干扰。802.11n 的覆盖范围可以扩大到好几平方公里，使 WLAN 移动性极大提高。

③ 802.11n 采用了一种软件无线电技术，是一个完全可编程的硬件平台，使得不同系统的基站和终端都可以通过这一平台的不同软件实现互通和兼容。这意味着 WLAN 将不但能实现 802.11n 向前后兼容，而且可以实现 WLAN 与无线广域网络的结合，比如 3G。

3. 无线网的特点

（1）可移动性

无线网 WPA 加密选择通过特定的无线电波来传送信号，在这个发射频率的有效范围内，任何具有适合接收设备的人都可以捕获该频率的信号，进而进入目标网络。无线网不受时间和空间的限制。

（2）易安装、成本低

无线网的组建、配置及维护相对有线网络而言更为容易，而且不需要大量的工程布线及线路维护，大大降低了成本，并且通信的范围也不受地理环境的限制。

（3）使用灵活、易于扩展

无线网不受电缆的限制，可以随意增加和配置工作站。使用无线接入设备相互连接，串接和扩展信号，可以进行多个局域网的互连和互通。

4. 需要无线网的场合

无线局域网绝不是用来取代有线局域网的，而是用来弥补有线局域网的不足，以达到网络延伸的目的。无线局域网适用于以下场所：

① 无固定工作场所的使用者，如机场、候车厅、餐厅。

② 受环境限制而不能架设有线局域网络的场所，如展会上向客户做展示。

③ 需要临时搭建网络的场所，如运动会操场、室外活动。

5. 无线网卡

无线网卡根据接口类型的不同，主要分为 PCMCIA 无线网卡、PCI 无线网卡和 USB 无线网卡 3 种类型，如图 4-1 所示。

USB 无线网卡

PCMCIA 无线网卡

PCI 无线网卡

图 4-1　常见的无线网卡

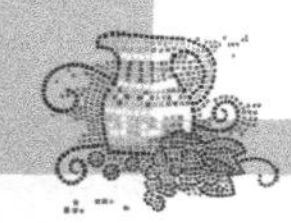

6. 无线局域网类型

组建无线局域网选择中，主要的网络拓扑结构有两种，一种是类似于对等网的 Ad-hoc 结构，另一种是类似于有线局域网中星型结构的 Infrastructure 结构。

7. Ad-hoc 模式无线局域网

Ad-hoc 模式是一种特殊模式，只要计算机上安装有无线网卡，通过配置无线网卡 ESSID 值，即可组建无线对等局域网。

Ad-hoc 是点对点的对等结构，相当于有线网络中的两台计算机直接通过网卡互联，中间没有集中接入设备（AP），信号是直接在两个通信端点对点传输的，如图 4-2 所示。

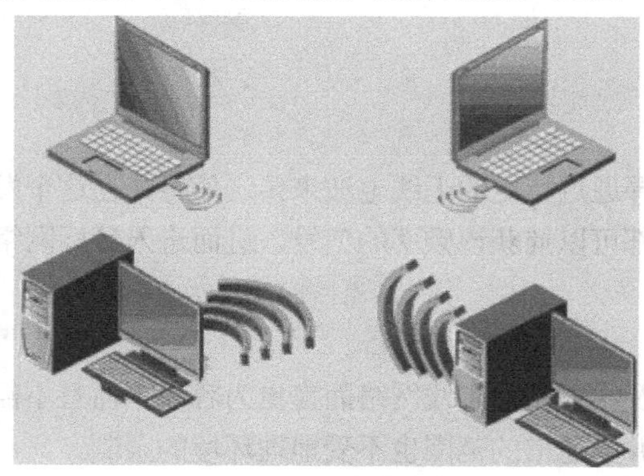

图 4-2 Ad-hoc 结构

8. Ad-hoc 模式的特点

① 无中心站点，所有站点间可直接通信，无需中继。
② 所有站点共享同一信道，竞争同一信道。
③ 不便于采用定向天线。
④ 用户增加时，冲突厉害。
⑤ 适合用户少且范围小的组网。
⑥ 所有移动站点处于平等地位。

【任务实施】

实验 Ad-hoc 模式的配置

某网络管理员决定使用 Ad-hoc 模式架构无线局域网，实现资源共享。拓扑图如图 4-3 所示。

图 4-3 Ad-hoc 模式拓扑结构

1．硬件的连接

按照要求，将 DCWL-310P 无线网卡安装在两台 Windows XP 系统的 PC 中，并按照拓扑图进行连接。

2．软件的设置

将 PC1、PC2 的 IP 地址分别设置为 192.168.1.1/24、192.168.1.2/24。

3．无线网卡 DCWL-310P 的安装

① 把 RG-WG54U 适配器插入到计算机空闲的 PCI 端口，系统会自动搜索到新硬件并且提示安装设备的驱动程序。

② 选择“从列表或指定位置安装”并插入驱动光盘或软盘，选择驱动所在的相应位置(软驱或者指定的位置)，然后再单击“下一步”按钮。

③ 计算机将会找到设备的驱动程序，按照屏幕指示安装 54Mbit/s 无线 DCWL-310P 适配器，再单击“下一步”按钮。

④ 单击“完成”结束安装，屏幕的右下角出现无线网络已连接的图标，如图 4-4 所示，包括速率和信号强度。

图 4-4　无线网络已连接的图标

4．配置计算机 PC2 的无线网络属性

① 在弹出的“无线网络连接属性”窗口中，选择“无线网络配置”选项卡，然后单击“高级”按钮，如图 4-5 所示。

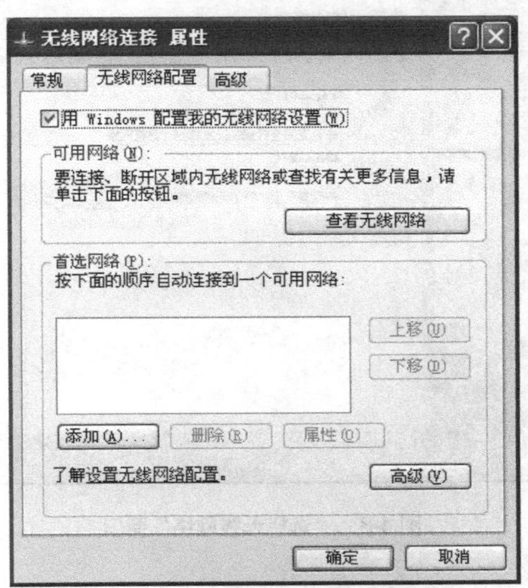

图 4-5　“无线网络配置”选项卡

② 在“无线网络配置”一栏中，单击“高级”按钮，选择“仅计算机到计算机”模式，如图4-6所示。

③在“无线网络配置”一栏中，单击“添加”按钮，设置“无线网络属性”，添加一个新的SSID为kegan01，网络验证为“开放式”；数据加密为“已禁用”，如图4-7所示，注意此处操作与PC1完全一致。

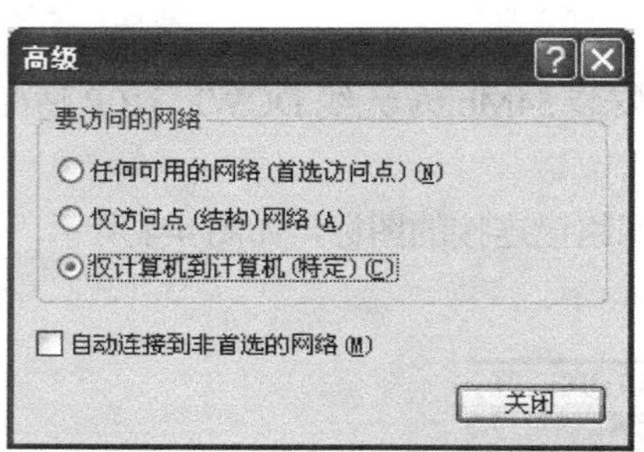

图4-6 “高级”窗口

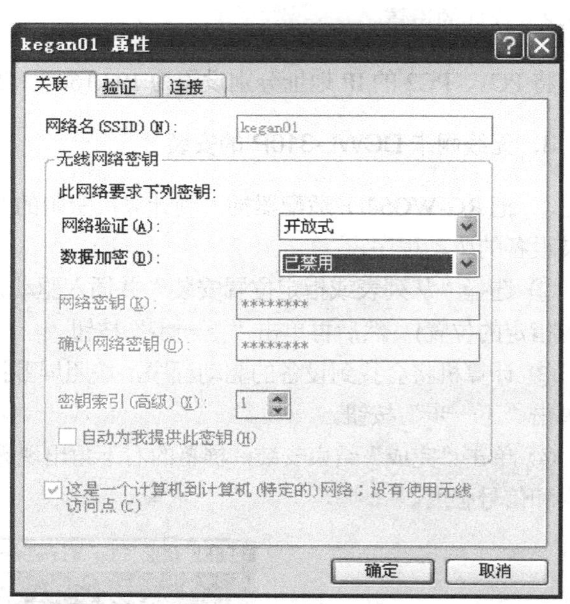

图4-7 设置“无线网络属性”

5. 连接计算机PC1

在计算机PC1上查找Ad-hoc无线网络名kegan01，如图4-8所示。

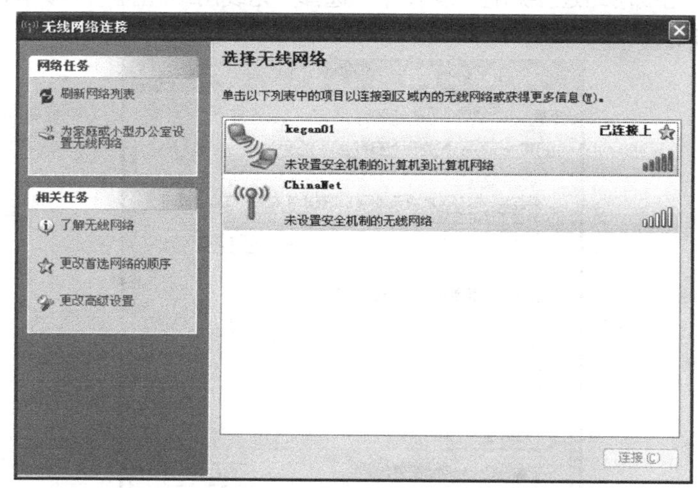

图4-8 “选择无线网络”窗口

6．验证

测试 PC2 与 PC1 的连通性，如图 4-9 所示。

```
C:\WINDOWS\system32\cmd.exe
Microsoft Windows XP [版本 5.1.2600]
(C) 版权所有 1985-2001 Microsoft Corp.

C:\Documents and Settings\new>ping 192.168.1.1

Pinging 192.168.1.1 with 32 bytes of data:

Reply from 192.168.1.1: bytes=32 time=11ms TTL=128
Reply from 192.168.1.1: bytes=32 time=2ms TTL=128
Reply from 192.168.1.1: bytes=32 time=2ms TTL=128
Reply from 192.168.1.1: bytes=32 time=1ms TTL=128

Ping statistics for 192.168.1.1:
    Packets: Sent = 4, Received = 4, Lost = 0 (0% loss),
Approximate round trip times in milli-seconds:
    Minimum = 1ms, Maximum = 11ms, Average = 4ms

C:\Documents and Settings\new>_
```

图 4-9　连通性测试

特别提示

① 两台移动设备的无线网卡的 SSID 必须一致，共享密钥也要一致。

② RG-WG54U 无线网卡默认的信道为 1，如遇其他系列网卡，则要根据实际情况调整无线网卡的信道，使多块无线网卡的信道一致。

③ 注意两块无线网卡的 IP 地址设置为同一网段。

④ 无线网卡通过 Ad-hoc 方式互联，两块网卡的距离有限制，工作环境下一般建议不超过 10 米。

【任务回顾】

1．选择题

（1）802.11a、802.11b 和 802.11g 的区别是什么？（　　）

A.802.11a 和 802.11b 都工作在 2.4GHz 频段，而 802.11g 工作在 5 GHz 频段

B.802.11a 具有最大 54Mbit/s 带宽，而 802.11b 和 802.11g 只有 11Mbit/s 带宽

C.802.11a 的传输距离最远，其次是 802.11b，传输距离最近的是 802.11g

D.802.11g 可以兼容 802.11b，但 802.11a 和 802.11b 不能兼容

（2）WLAN 技术是采用哪种介质进行通信的？(　　)

A.双绞线　　B.无线电　　C.广播　　D.电缆

（3）　在 802.11g 协议标准下，有多少个互不重叠的信道？(　　)

A.2 个　　B.3 个　　C.4 个　　D.没有

2．综合题

（1）什么是 WLAN？

（2）描述 Ad-hoc 模式的特点。

（3）自行设计网络拓扑结构，进行 Ad-hoc 模式架构，实现网络互连的配置。

任务 2　安装 Infrastructure 结构无线局域网

【任务描述】

某职业学院通过信息化的改造，大大方便了师生的学习与交流，但是有些地方由于建筑的原因，无法通过有线进行连接。学校考虑成本原因，希望通过无线 AP 实现连接。小东身为学校网络中心的网络管理员，如何在无线 AP 上架构 Infrastructure 结构无线局域网，实现网络的互连呢？

本任务的目的是通过 Infrastructure 结构无线局域网的配置，掌握 AP 接入的过程、无线网络安全方面的协议，了解 Infrastructure 结构的应用，实现校园网的相互通信。

【预备知识】

1．Infrastructure 模式无线局域网

Infrastructure 结构与有线网络中的星型交换模式差不多，也属于集中式结构类型，其中的无线 AP 相当于有线网络中的交换机或集线器，起着集中连接和数据交换的作用，如图 4-10 所示。

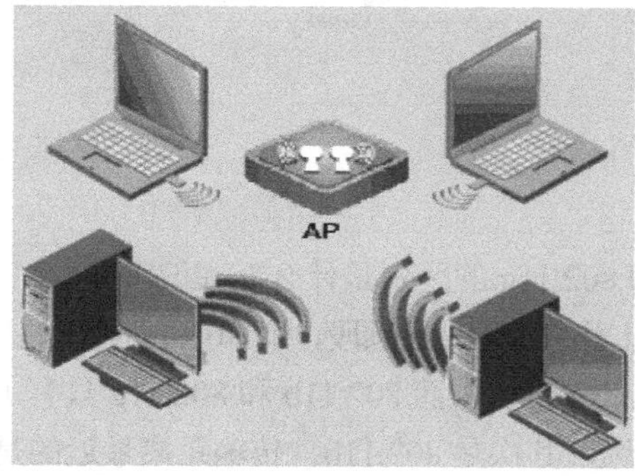

图 4-10　Infrastructure 结构

基本服务集 BSS（Basi Service Set）是一个 AP 提供的覆盖范围所组成的局域网。一个 BSS 可以通过 AP 来进行扩展。

一个或多个以上的 BSS 可被定义为一个 ESS，用户可以在 ESS 上漫游及存取 BSS 系统中的任何资源。

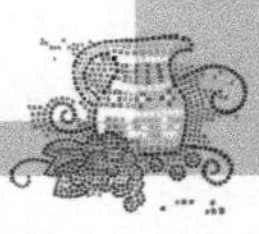

ESSID 可以称作无线网络的名称。在 Infrastructure 结构的网络中，每个 AP 必须配置一个 ESSID，每个客户端必须与 AP 的 ESSID 匹配才能接入到无线网络中。

2. WLAN 中常见的设备

（1）无线 AP

无线 AP（Access Point）即无线接入点，无线 AP 是移动计算机用户进入有线网络的接入点，是用于无线网络的无线交换机，也是无线网络的核心。无线 AP 如图 4-11 所示。

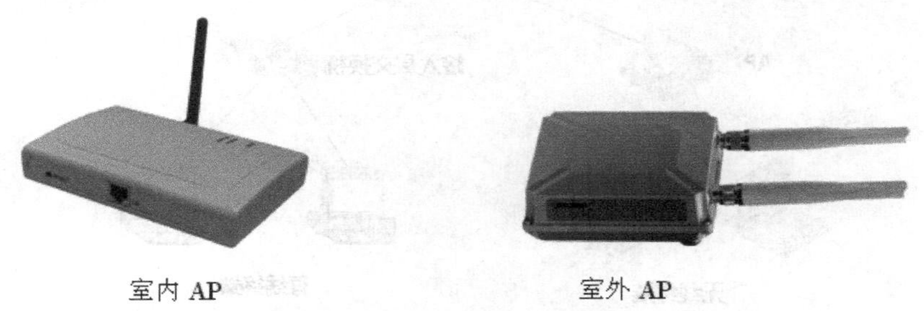

图 4-11　无线 AP

大多数无线 AP 还带有接入点客户端模式（AP client），可以和其他 AP 进行无线连接，延展网络的覆盖范围。

AP 可支持以下 6 种组网方式：

① AP 模式，又被称为基础架构模式；

② 点对点桥接模式；

③ AP Client 客户端模式；

④ 无线中继模式；

⑤ 无线混合模式。

智能 AP（胖 AP）自身集成管理功能，它使用安全软件、管理软件和其他数据来管理无线网络，其缺点是：每个 AP 只能支持 10～20 个用户，安装困难，价格昂贵。采用智能 AP 的典型网络结构如图 4-12 所示。

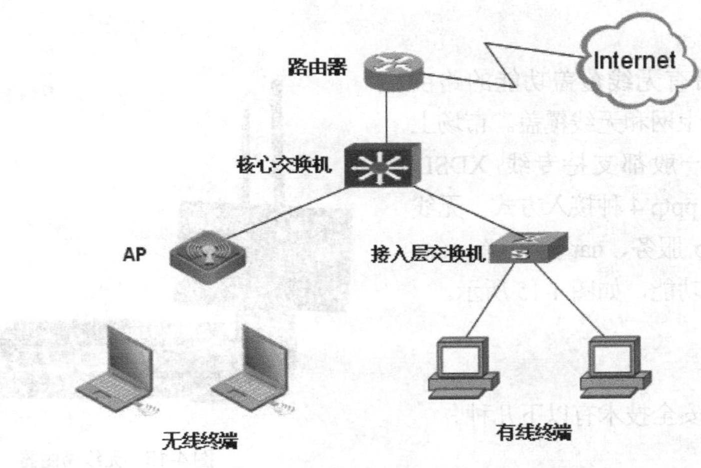

图 4-12　采用智能 AP 的典型网络结构

瘦AP自身不能单独配置或使用，它需要和无线控制器（或无线交换机）一起工作，无线控制器集成了对无线AP的管理、控制、数据转发的功能。采用瘦AP的典型网络结构如图4-13所示。

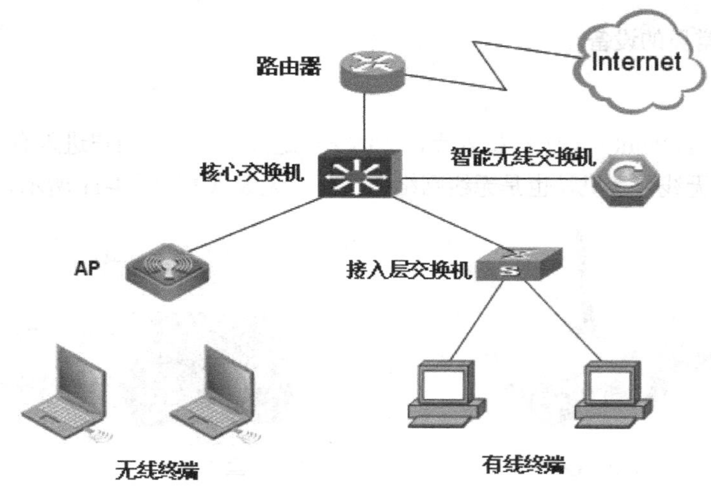

图4-13　采用瘦AP的典型网络结构

（2）天线

常见的无线天线有室内天线和室外天线两种，其中，室外天线有锅状的定向天线、棒状的全向天线等类型，如图4-14所示。

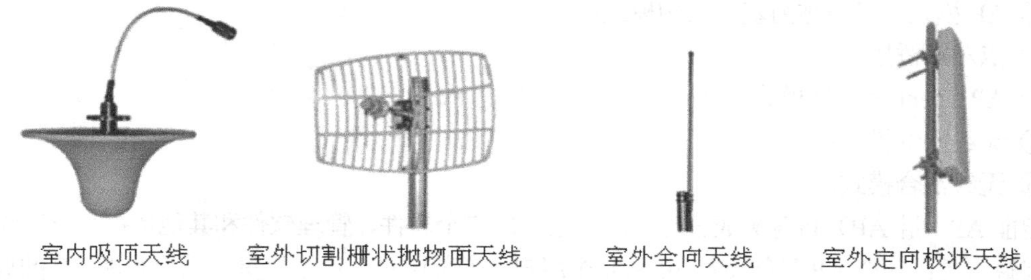

图4-14　无线天线

（3）无线路由器

无线路由器是带有无线覆盖功能的路由器，主要应用于用户上网和无线覆盖。市场上流行的无线路由器一般都支持专线XDSL/Cable、动态XDSL、pptp 4种接入方式。无线路由一般还具有dhcp服务、nat防火墙、mac地址过滤等网络管理功能，如图4-15所示。

图4-15　无线路由器

3. WLAN安全

常见的无线网络安全技术有以下几种。

（1）SSID隐藏

通过对多个无线AP配置不同的SSID（服

务集标识符），并要求无线工作站出示正确的 SSID 才能访问 AP，可以对资源访问的权限进行区别和限制。

（2）MAC 地址过滤

在 AP 中手工添加允许访问的 MAC 地址列表，实现 MAC 地址过滤。

（3）WEP

有线对等保密 WEP（Wired Equivlent Privacy）在数据链路层采用 RC4 对称加密技术，用户的加密密钥必须与 AP 的密钥相同才能接入到网络并访问网络资源。

（4）WPA

无线保护接入 WPA（Wi-Fi Protected Access）根据通用密钥，配合表示计算机 MAC 地址和分组信息顺序号的编号，使用动态方式，分别为每个分组信息生成不同的密钥，然后采用此密钥用于 RC4 加密处理。WPA 是一套完整的安全性方案，它包含认证、加密和数据完整性校验 3 个部分。

（5）802.1X

802.1X 要求无线工作站安装 802.1X 客户端软件，无线 AP 必须要支持 802.1X 认证代理。无线 AP 作为 RADIUS 客户端，将用户的认证信息转发给 RADIUS 服务器。

802.1X 提供端口访问控制和基于用户的认证和计费，适合于公共无线接入解决方案。

4．WLAN 安全防范

为了有效地增强 WLAN 的安全性，避免非法用户接入网络，保护网络资源，必须对网络管理人员进行网络安全技术的知识培训，同时可以采用以下安全措施进行有效的防范。

① 采用 802.1X 进行控制，防止非授权的非法接入和访问。

② 采用 128 位 WEP 加密技术，并不使用产商自带的 WEP 密钥。

③ 对于密度等级高的网络采用 VPN 进行连接。

④ 对 AP 和网卡设置复杂的 SSID，并根据需求确定是否需要漫游来确定是否需要 MAC 绑定，同时禁止 AP 向外广播其 SSID。

⑤ 修改缺省的 AP 密码。

⑥ 防止 AP 的覆盖范围超出办公区域。

⑦ 如果网卡支持修改属性需要密码功能，要开启该功能，防止网卡属性被修改。

⑧ 配置设备检查非法进入公司的 2.4G 电磁波发生器，防止被干扰。

⑨ 制定无线网络管理规定，禁止设置 P2P 的 Ad-hoc 网络结构。

【任务实施】

实验 1　智能 AP 的配置

某职业学院有一个办公区域难以布线，网络管理员决定使用无线局域网覆盖该区域。拓扑图如图 4-16 所示。

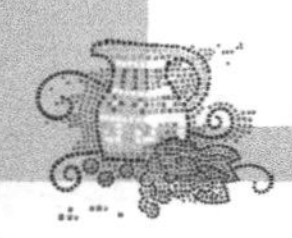

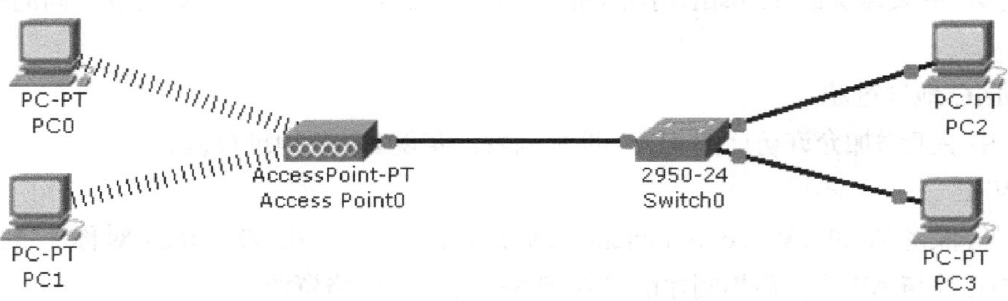

图 4-16 智能 AP 组建无线局域网

1．硬件的连接

在 Packet Tracer 6.0 工作台面中添加 1 台 AccessPoint-PT、1 台 2950-24 交换机、2 台 PC 和 2 台带无线网卡的 PC（添加方式如图 4-17 所示），并按照拓扑图进行连接。

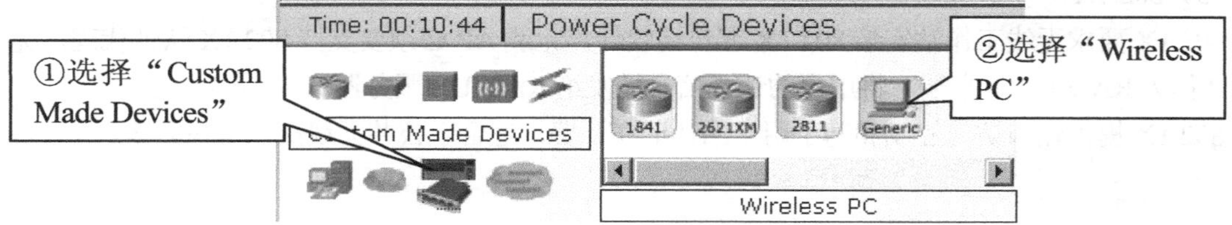

图 4-17 添加带无线网卡的 PC

2．软件的设置

将 PC0、PC1、PC2 和 PC3 的 IP 地址分别设置为 192.168.1.1、192.168.1.2、192.168.1.3 和 192.168.1.4。

3．无线局域网的配置

（1）AP 的配置

将 AP 的 SSID 设置为 123，通道（Channel）设置为 11，认证方式设置为 WEP，并输入 WEP 号码为“AABBCCDDEE”，如图 4-18 所示。

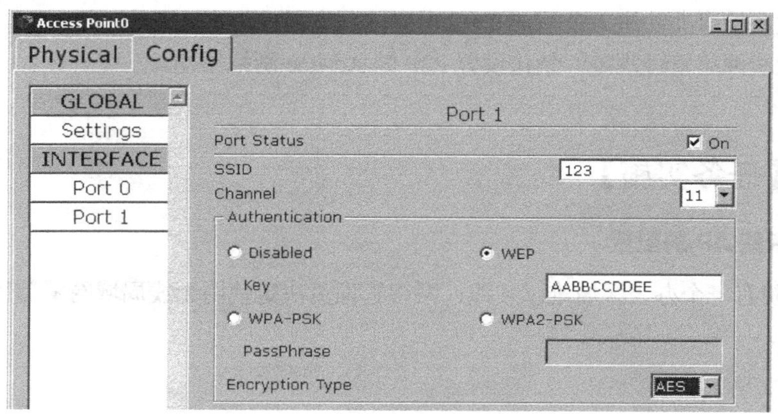

图 4-18 AP 配置界面

（2）PC0、PC1 的设置

在“Desktop”上单击“PC Wireless”打开无线网络设置窗口，选择“Connect”选项卡，可以看到当前环境中存在的无线网线，如图 4-19 所示。

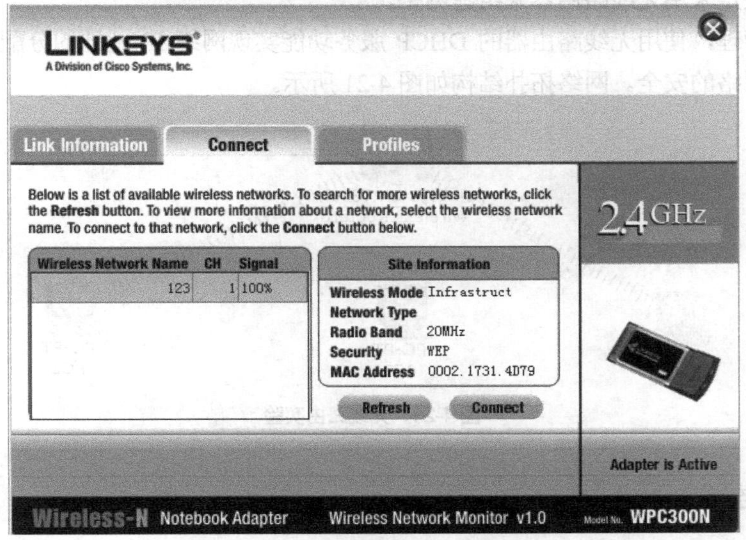

图 4-19 可用的无线网络

选择需要连接的无线网络，如图中的“123”，并单击“Connect”按钮，进行连接设置，如图 4-20 所示。

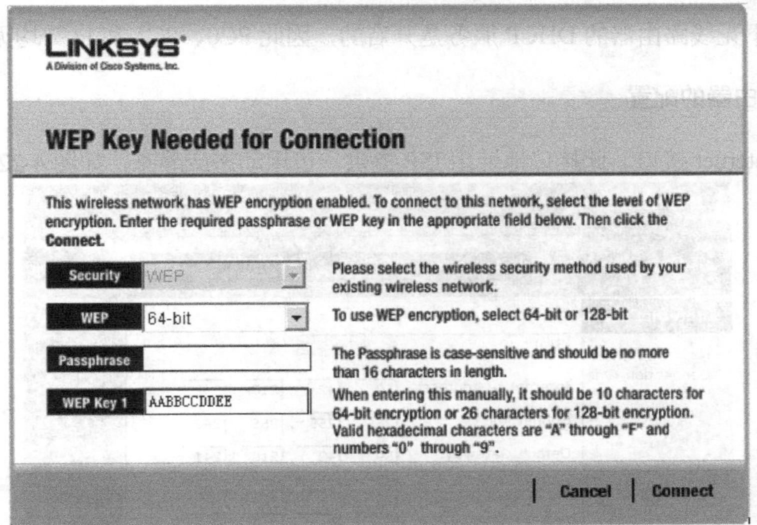

图 4-20 连接设置

输入正确的 WEP 号后，单击“Connect”就可以连接到无线局域网上了。

4．验证

在 PC0 上使用 Ping 命令分别验证与 PC1、PC2 或 PC3 的连通性。

实验 2　无线路由器的配置

某职业学院有一科室要安装一个无线局域网，考虑到科室所有工作人员均要使用 Internet 进行办公，因此决定采用无线路由器来组建网络。

为了方便管理，使用无线路由器的 DHCP 服务功能实现网络 IP 地址的分配，并使用相应的安全技术保证网络的安全。网络拓扑结构如图 4-21 所示。

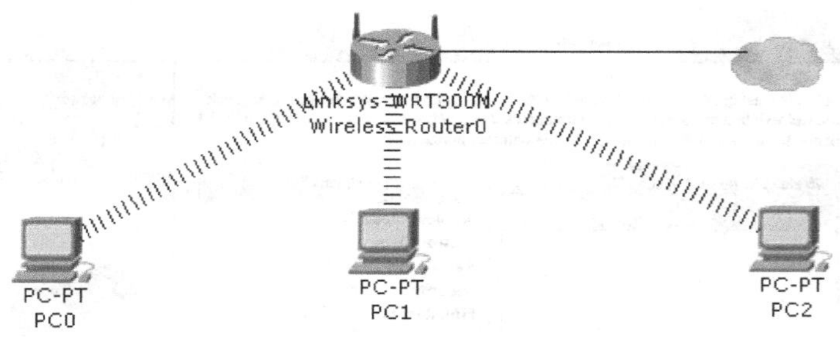

图 4-21　无线路由实验

1．硬件的连接

在 Packet Tracer 6.0 工作台面中添加 1 台 Linksys-WRT300N 无线路由器和 3 台带无线网卡的 PC。

2．软件的设置

默认情况下无线路由器的 DHCP 服务是开启的，因此 PC0、PC1 和 PC2 均无需设置。

3．无线路由器的配置

① 配置 Internet 接口。此接口地址由 ISP 提供，可用动态或静态，如图 4-22 所示。

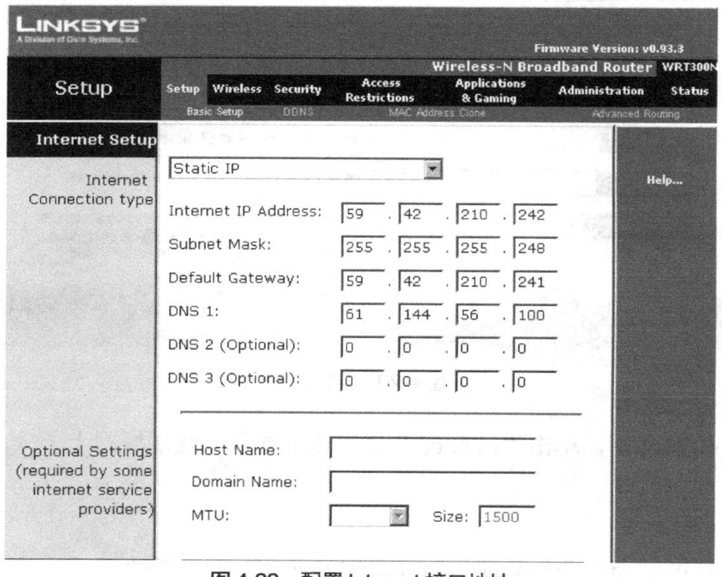

图 4-22　配置 Internet 接口地址

② 配置无线路由IP地址以及DHCP服务，如图4-23所示。

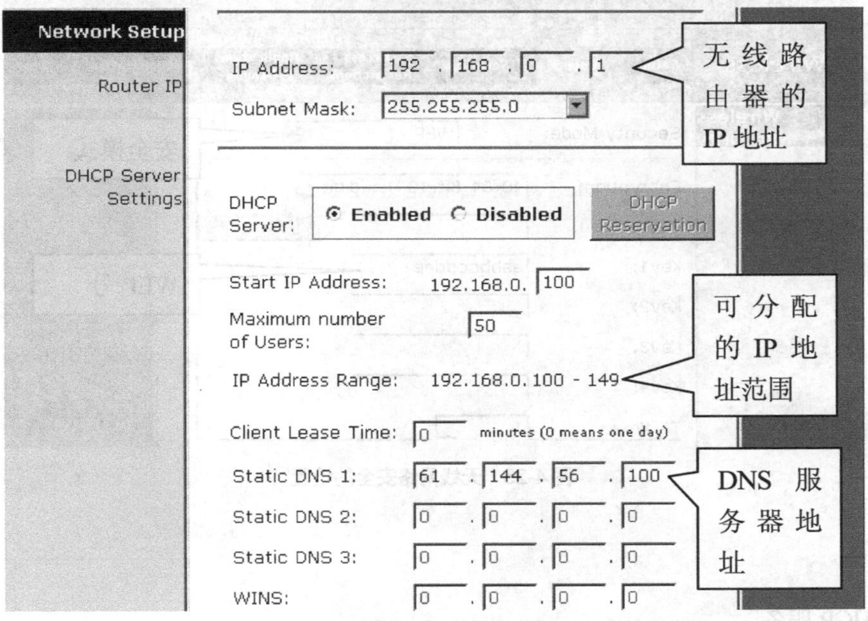

图4-23　IP地址以及DHCP服务

③ 无线网络基本设置如图4-24所示。

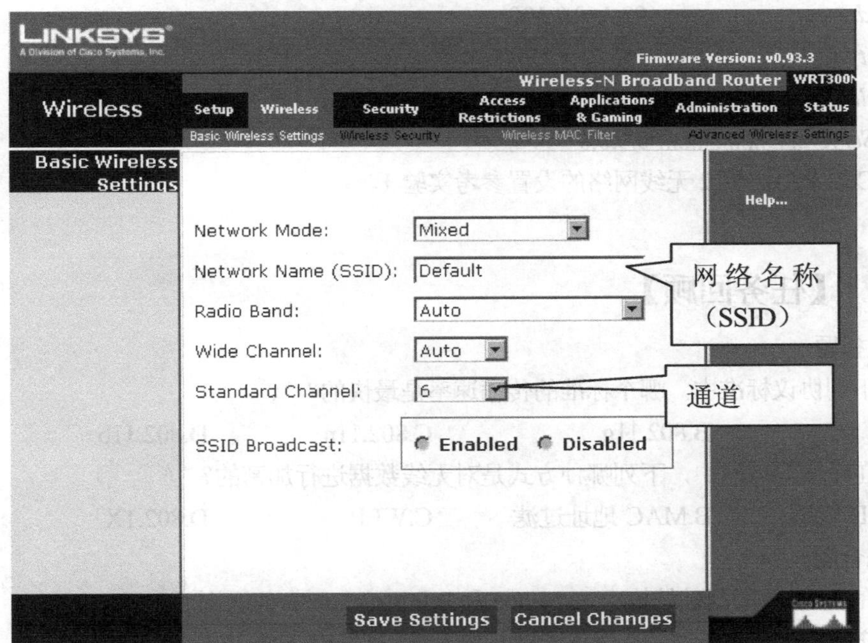

图4-24　无线网络基本设置

④ 无线网络安全的设置如图4-25所示。

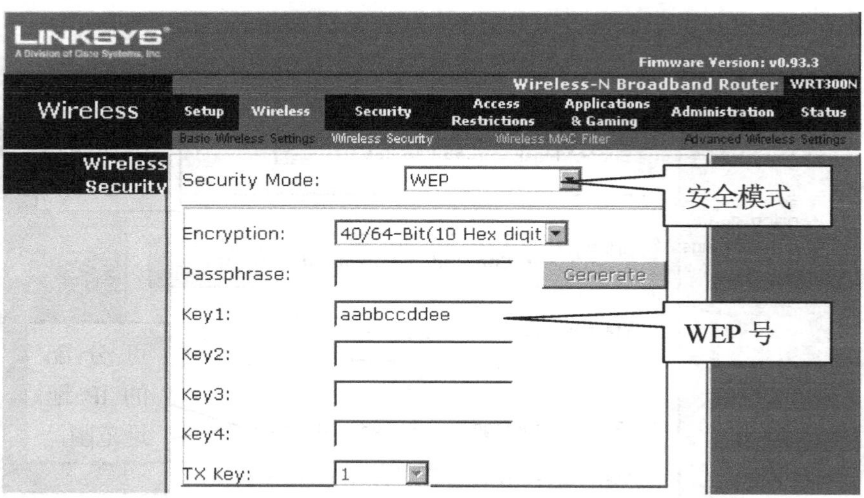

图 4-25 无线网络安全的设置

4．验证

① DHCP 服务。

PC>ipconfig /all

Physical Address................: 000A.F35C.500D

IP Address......................: 192.168.0.100

Subnet Mask.....................: 255.255.255.0

Default Gateway.................: 192.168.0.1

DNS Servers.....................: 0.0.0.0

② PC0、PC1、PC2 无线网络的设置参考实验 1。

【任务回顾】

1．选择题

（1）下列协议标准中，哪个标准的传输速率是最快的？（　　）

A.802.11a　　B.802.11g　　C.802.11n　　D.802.11b

（2）在无线局域网中，下列哪种方式是对无线数据进行加密的？（　　）

A.SSID 隐藏　　B.MAC 地址过滤　　C.WEP　　D.802.1X

2．综合题

（1）在 WLAN 的基础结构中，Ad-hoc 和 Infrastructure 有何区别？

（2）交换机如何和无线 AP 设备连接，把无线局域网中设备接入到有线网络中？

（3）WLAN 安全防范措施有哪些？

（4）什么叫做漫游？

（5）自行设计网络拓扑结构，进行 Infrastructure 模式架构，实现网络互连的配置。

项目五

防火墙的安装与配置

【项目导入】

随着互联网技术的不断发展，利用互联网提高了各单位的办事效率和市场反应速度，增强了社会竞争力。但是要保证海量数据在网络中能正常传送，网络的安全与稳定是目前必须考虑的问题。构建一个安全稳定的网络可以阻止网络中的非法访问和恶意破坏，而最普遍采用的安全机制就是建立防火墙。掌握防火墙的安装与配置对从事网络设计、网络管理等工作的技术人员有重大意义。本项目主要掌握 QoS、NAT、VPN、AAA 和 802.1X 等相关知识及配置。

【学习目标】

- ✧ 理解 QoS 过程和相关术语
- ✧ 了解 NAT 的用途
- ✧ 理解 NAT 的类型
- ✧ 理解 VPN 的原理和工作过程
- ✧ 了解加密技术及理解 IPSec 技术
- ✧ 理解 AAA 和 RADIUS
- ✧ 掌握 QoS 的配置方法
- ✧ 掌握 NAT 的配置方法
- ✧ 了解 802.1X 及其配置方法
- ✧ 掌握 IKE 和 IPSec 的配置方法
- ✧ 掌握 AAA 和 RADIUS 的配置方法

任务1　QoS（服务质量）

【任务描述】

某职业学院通过对校园网整体信息化建设进行改造后，已满足了师生对校园网络信息的需求，实现了对校园网络资源的共享，但是网络带宽的发展永远跟不上需求，因此当网络出现堵塞时如何保证网络的正常工作呢？QoS（服务质量）是一个解决方法，小东是学校网络中心的网络管理员，应怎样配置来实现这一目标？

本任务的目的是通过 QoS（服务质量）的配置，掌握 QoS 服务模型，掌握 QoS 的队列算法及配置和使用。

【预备知识】

在传统 IP 网络中，每个路由器对所有报文采用 FIFO（先进先出）策略进行处理，无区别对待所有的报文，它“尽力而为”地将报文送达目的地，对报文传输的可靠性、延迟等性能不提供任何保证。

QoS 的基本思想就是把数据分类，放在不同的队列中。根据不同类数据的要求保证它的优先传输或者为它保证一定的带宽。QoS 是在网络发生堵塞才起作用的措施，因此 Qos 并不能代替带宽的升级。

1．QoS 技术

QoS（服务质量）是网络的一种安全机制, 是一种用于解决网络延迟和阻塞等问题的技术，包括传输的带宽、传送的时延、数据的丢包率等。在网络中可以通过保证传输的带宽、降低传送的时延、降低数据的丢包率以及时延抖动等措施来提高服务质量。

正常情况下，假如网络只用于特定的无时间限制的应用系统，比如 Web 应用、FTP 应用等，那么它不需要 QoS。当网络过载或拥塞时，QoS 可以确保重要业务量不受延迟或丢弃，同时可以保证网络的高效运行。

2．QoS 服务模型

通常 QoS 提供“尽力而为”服务模型（Best-Effort）、综合服务模型（Int-Serv）、区分服务模型（Diff-Serv）3 种服务模型。

① Best-Effort 服务模型：网络尽最大的可能性来发送报文，对时延、可靠性等性能不提供任何保证。

② Int-Serv 服务模型：明确区分并保证每一个业务流的服务质量，为网络提供最细粒度化的服务质量区分。

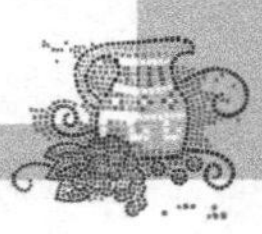

③ Diff-Serv 服务模型：多服务模型，可以满足不同的 QoS 需求。与 Int-Serv 不同，它不需要通知网络为每个业务预留资源。Diff-Serv 根据每个报文指定的 QoS 来提供特定的服务。报文的 QoS 指定方法有多种，如 IP 包优先级位、报文源地址和目的地址等，网络通过这些信息来进行报文的分类、流量整形、流量监管和排队。Diff-Serv 主要用于为一些重要的应用提供端到端的 QoS。

3．QoS 的队列算法

① FIFO：先进先出队列。FIFO 不对报文进行分类，按报文到达接口的先后顺序进队，以进队的先后顺序出队。

② CQ：自定义排队。当在某个端口上配置 CQ 时，系统将会为这个端口维护 17 个输出队列，编号为 0 的队列是系统队列，用户可以指定队列 1～16。系统在 1～16 队列之间循环，每个循环都从当前队列中取出预配置的字节总数，并在移动到下一队列前将这些数据包发送出去。CQ 的缺点：CQ 是静态配置的，不能自动适应网络情况的不断变化。

③ PQ：优先权排队。可以配置高（High）、中（Middle）、普通（Normal）、低（Low）四种通信优先级，优先权级别高的通信总会比优先权级别低的通信提前得到服务。

④ WFQ：加权公平排队。WFQ 是一个自动的时序安排方法，对网络的所有通信提供了公平的带宽分配方案。WFQ 为数据量少的通信提供比数据量大的通信更高的优先权，同时为并发的文件传输提供链路容量的平衡使用。

⑤ CBWFQ：基本类型的加权公平排队。CBWFQ 能根据用户定义识别出某种类流，并为该条流分配一定的权重。

4．Qos 的配置

QoS 配置的 4 个基本步骤如下。

① 设置 ACL 匹配应用流量。

② 设置 class-map 匹配相应 ACL 或者相应端口等。

③ 设置 policy-map 匹配 class-map，然后定义规则动作。

④ 将 policy-map 绑定到相应的接口上。

（1）CBWFQ 配置命令

表 5-1　　CBWFQ 配置命令

命令格式	解释	配置模式
fair-queue	设置端口的队列	接口配置模式
service-policy <*policy name*>	在端口上应用一个策略表	
class-map <*class-map name*>	创建一个分类表，并进入分类表模式	全局配置模式
policy-map <*policy name*>	创建一个策略表，并进入策略表模式	
class <*class-map name*>	建立一个分类表，并进入策略分类表模式	

（2）CQ 配置命令

表 5-2　　CQ 配置命令

命令格式	解释	配置模式
queue-list <*list-number*>	自定义列表	全局配置模式
custom-queue-list default	为那些不与任何规则匹配的报文指定一个缺省队列	
custom-queue-list <*list-number*>	将自定义列表应用到接口上	接口配置模式

（3）PQ 配置命令

表 5-3　　PQ 配置命令

命令格式	解释	配置模式
priority-list <*list-number*>	根据协议类型定义排队的优先级	全局配置模式
priority-group <*list-number*>	将优先列表应用到接口上	接口配置模式

【任务实施】

实验 1　CBWFQ 的配置

某网络管理员使用 CBWFQ 将 HTTP 和 FTP 的流量设置为 512Kbit/s。模拟的网络拓扑结构如图 5-1 所示。

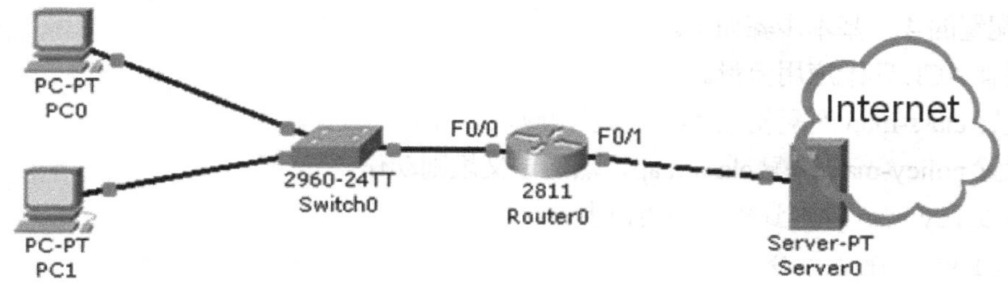

图 5-1　CBWFQ 的配置实验

1．硬件的连接

在 Packet Tracer 6.0 工作台面中添加 1 台 2811 路由器、2 台 PC 和 1 台服务器，并按实验拓扑结构进行连接。

2．软件的设置

将 PC0 的 IP 地址设置为 192.168.1.1/24，网关设置为 192.168.1.254；PC1 的 IP 地址设置为 192.168.1.2 /24，网关设置为 192.168.1.254。

将 Server0（虚拟为 Internet 中的服务器）IP 地址设置为 58.112.210.243/24，网关设置为

58.112.210.254。

3．路由器的配置

（1）路由器 IP 地址分配情况

表 5-4　　路由器 IP 地址分配情况

交接口	IP 地址	子网掩码	说明
FastEthernet0/0	192.168.1.254	255.255.255.0	局域网接口，内部地址
FastEthernet0/1	58.112.210.254	255.255.255.0	广域网接口，Internet 地址

（2）路由器的基本配置

```
Router>en
Router#conf t
Enter configuration commands, one per line.   End with CNTL/Z.
Router(config)#int f0/0
Router(config-if)#ip add 192.168.1.254 255.255.255.0
Router(config-if)#no shut
%LINK-5-CHANGED: Interface FastEthernet0/0, changed state to up
%LINEPROTO-5-UPDOWN: Line protocol on Interface FastEthernet0/0, changed state to up
Router(config-if)#
Router(config-if)#int f0/1
Router(config-if)#ip add 58.112.210.254 255.255.255.0
Router(config-if)#no shut
Router(config-if)#
%LINK-5-CHANGED: Interface FastEthernet0/1, changed state to up
%LINEPROTO-5-UPDOWN: Line protocol on Interface FastEthernet0/1, changed state to up
Router(config)#ip route 0.0.0.0 0.0.0.0 58.112.210.243
```

（3）路由器的 CBWFQ 配置

```
Router(config)#class-map http_ftp
Router(config-cmap)#match protocol http
Router(config-cmap)#match protocol ftp
Router(config-cmap)#exit
Router(config)#policy-map cbwfq
Router(config-pmap)#class http_ftp
Router(config-pmap-c)#bandwidth 512
Router(config-pmap-c)#exit
Router(config-pmap)#class class-default
Router(config-pmap-c)#fair-queue
Router(config-pmap-c)#int f0/1
Router(config-if)#service-policy output cbwfq
```

4．验证

在路由器上使用 show policy-map 命令查看 CBWFQ 的配置情况。

```
Router#show policy-map
  Policy Map cbwfq
    Class http_ftp
      Bandwidth 512 (kbps) Max Threshold 64 (packets)
    Class class-default
      Flow based Fair Queueing
      Bandwidth 0 (kbps) Max Threshold 64 (packets)
```

实验 2　PQ 的配置

某网络管理员使用 PQ 设置来保证 Web 服务和 E-mail 服务的优先传输，同时将 FTP 服务的优先级设置为最低。模拟的网络拓扑结构如图 5-2 所示。

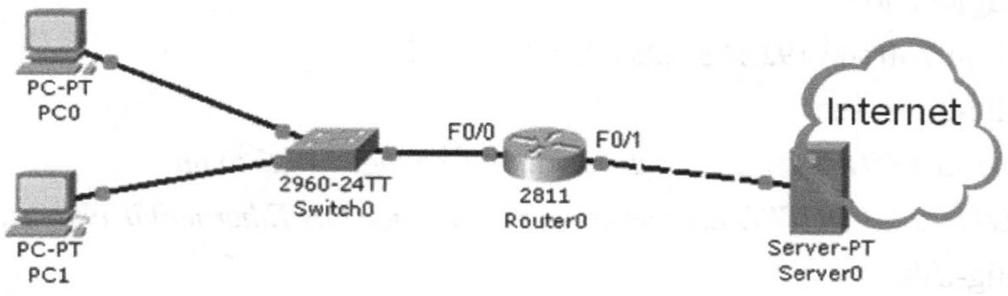

图 5-2　PQ 的配置实验

1．硬件的连接

在 Packet Tracer 6.0 工作台面中添加 1 台 2811 路由器、2 台 PC 和 1 台服务器，并按实验拓扑结构进行连接。

2．软件的设置

将 PC0 的 IP 地址设置为 192.168.1.1/24，网关设置为 192.168.1.254；PC1 的 IP 地址设置为 192.168.1.2 /24，网关设置为 192.168.1.254。

将 Server0（虚拟为 Internet 中的服务器）IP 地址设置为 58.112.210.243/24，网关设置为 58.112.210.254。

3．路由器的配置

（1）路由器 IP 地址分配情况

表 5-5　　路由器 IP 地址分配情况

交接口	IP 地址	子网掩码	说明
FastEthernet0/0	192.168.1.254	255.255.255.0	局域网接口，内部地址
FastEthernet0/1	58.112.210.254	255.255.255.0	广域网接口，Internet 地址

（2）路由器的基本配置

Router>en

Router#conf t

Enter configuration commands, one per line.　End with CNTL/Z.

Router(config)#int f0/0

Router(config-if)#ip add 192.168.1.254 255.255.255.0

Router(config-if)#no shut

%LINK-5-CHANGED: Interface FastEthernet0/0, changed state to up

%LINEPROTO-5-UPDOWN: Line protocol on Interface FastEthernet0/0, changed state to up

Router(config-if)#

Router(config-if)#int f0/1

Router(config-if)#ip add 58.112.210.254 255.255.255.0

Router(config-if)#no shut

Router(config-if)#

%LINK-5-CHANGED: Interface FastEthernet0/1, changed state to up

%LINEPROTO-5-UPDOWN: Line protocol on Interface FastEthernet0/1, changed state to up

Router(config)#ip route 0.0.0.0 0.0.0.0 58.112.210.243

（3）路由器的 PQ 配置

Router(config)#ip access-list extended 101

Router(config-ext-nacl)#permit tcp any any eq www

Router(config-ext-nacl)#permit tcp any any eq smtp

Router(config-ext-nacl)#permit tcp any any eq pop3

Router(config-ext-nacl)#exit

Router(config)#ip access-list extended 102

Router(config-ext-nacl)#permit tcp any any eq ftp

Router(config-ext-nacl)#exit

Router(config)#priority-list 1 protocol ip high list 101

Router(config)#priority-list 1 protocol ip low list 102

Router(config)#int f0/1

Router(config-if)#priority-group 1

Router(config-if)#?? 1 00:42:06:578: %LINK-3-UPDOWN: Interface FastEthernet0/1 , changed state to up*

4．验证

在路由器上使用 sh queueing 命令查看 PQ 的配置情况。

Router#sh queueing

Current fair queue configuration:

Current DLCI priority queue configuration:

Current priority queue configuration:

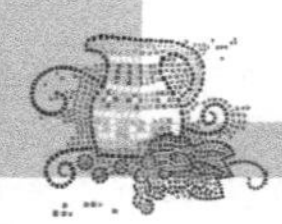

List　Queue　Args

1　high　protocol ip　list 101

1　low　protocol ip　list 102

Current custom queue configuration:

Current random-detect configuration:

Current per-SID queue configuration:

【任务回顾】

思考题：

1．什么是 QoS 技术？QoS 有哪些服务模型？

2．QoS 技术应用于哪些场合？

3．QoS 在企业网络中通常实现哪些应用？

4．写出配置 QoS 的步骤。

任务 2　网络地址转换

【任务描述】

随着 Internet 技术的飞速发展，某职业学院校园网是使用私有地址的网络，学校注册的合法 IP 地址只有几个，学校领导要求所有的计算机都要访问 Internet，学校的 WWW 服务器能被 Internet 的用户访问。小东身为学校网络中心的网络管理员，如何在路由器上做配置，以满足这一目标呢？

本任务的目的是通过 NAT 的配置，理解 NAT 相关技术，掌握 NAT 的配置。

【预备知识】

1．什么叫 NAT

网络地址转换（NAT）是一种把内部私有 IP 地址（RFC 1918）翻译成合法网络 IP 地址的技术，是一种节约大型网络中注册 IP 地址并简化 IP 寻址管理任务的机制。

2．NAT 的用途

IPv4 地址即将耗尽是 Internet 面临的主要问题之一。NAT 的典型应用是把使用私有 IP 地址的园区网络连接到 Internet，而无需给内部网络中的每个设备都分配公有 IP 地址，好处是节省申请公有 IP 地址的费用，避免公有地址的浪费。

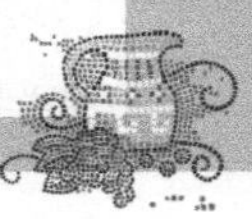

3．NAT 术语

在路由器上应用 NAT 时，应理解下面的术语。

① 内部网络（Inside）：在内部网络，每台主机都分配一个内部 IP 地址，但与外部网络通信时，又表现为另外一个地址。每台主机的前一个地址称为内部本地地址，后一个地址称为外部全局地址。

② 外部网络（Outside）：是指内部网络需要连接的网络，一般指互联网。内部网络与外部网络如图 5-3 所示。

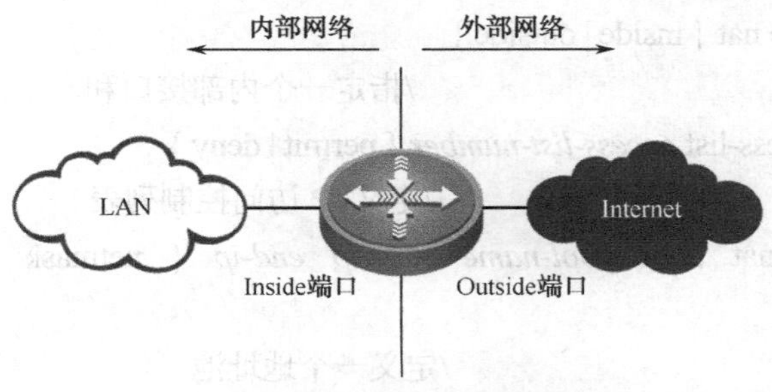

图 5-3　内部网络与外部网络

③ 内部本地地址（Inside Local Address）：指在内部网络分配给主机的 IP 地址。这个地址可能不是网络信息中心（NIC）或服务提供商分配的 IP 地址。

④ 内部全局地址（Inside Global Address）：合法的全局可路由地址，在外部网络代表着一个或多个内部本地地址。

⑤ 外部本地地址（Outside Local Address）：外部网络的主机在内部网络中表现的 IP 地址，该地址是内部可路由地址，一般不是注册的全局唯一地址。

⑥ 外部全局地址（Outside Global Address）：外部网络分配给外部主机的 IP 地址，该地址为全局可路由地址。

4．NAT 的类型

NAT 包括多种类型，可实现多种目的。

① 静态 NAT：按照一一对应的方式将每个内部 IP 地址转换为一个外部 IP 地址，主要用于内部设备需要被外部网络访问的时候。

② 动态 NAT：将一个内部 IP 转换为一组外部 IP 地址（地址池）中的一个 IP 地址。

③ 超载 NAT：利用不同端口将多个内部 IP 地址转换为一个外部 IP 地址，是动态 NAT 的一种实现形式，也称为端口复用 NAT、PAT 或 NAPT。

5．NAT 的配置

（1）配置静态内部源地址转换

Router(config-if)#ip nat { inside | outside }

/指定一个内部接口和一个外部接口

Router(config)#ip nat inside source static *local-ip* { interface *interface* | *global-ip* }

/配置静态转换条目

（2）配置静态端口地址转换

Router(config-if)#ip nat { inside | outside }

/指定一个内部接口和一个外部接口

Router(config)#ip nat inside source static { tcp | udp } *local-ip local-port* { interface *interface* | *global-ip* } *global-port*

/配置静态转换条目

（3）配置动态 NAT

Router(config-if)#ip nat { inside | outside }

/指定一个内部接口和一个外部接口

Router(config)#access-list *access-list-number* { permit | deny }

/定义 IP 访问控制列表

Router(config)#ip nat pool *pool-name start-ip end-ip* { netmask *netmask* | prefix-length *prefix-length* }

/定义一个地址池

Router(config)#ip nat inside source list *access-list-number* { interface *interface* | pool *pool-name* }overload

/配置动态转换条目

（4）验证和诊断 NAT 转换

Router#show ip nat translations　　/显示活动的转换条目

Router#show ip nat statistics　　/显示转换的统计信息

Router#debug ip nat [address | event | rule-match]　　/对转换操作进行调试

Router#clear ip nat translation *　　/清除所有的转换条目

【任务实施】

实验 1　利用 NAT 实现外网主机访问内网服务器

某学校只向 ISP 申请了一个公网 IP 地址为 200.1.8.5，由于工作需要，学校 WWW 服务器要求能被 Internet 的用户访问。网络拓扑结构如图 5-4 所示。

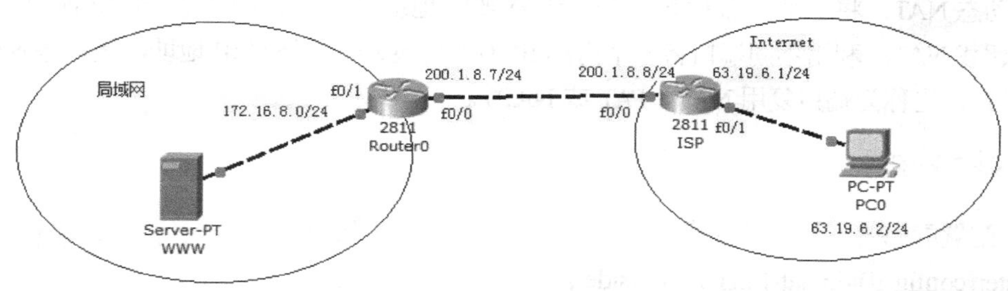

图 5-4　静态 NAT

1. 硬件的连接

在 Packet Tracer 6.0 工作台面中添加 1 台 2811 路由器、1 台 PC 和 1 台服务器，并按实验拓扑结构进行连接。

2. 软件的设置

① PC0（虚拟为 Internet 中的主机）IP 地址设置为 69.19.6.2/24，网关设置为 69.19.6.1。
② Server0（虚拟为局域网中的服务器）IP 地址设置为 172.16.8.2/24，网关设置为 172.16.8.1。

3. 路由器的配置

（1）路由器 IP 地址分配情况

表 5-6　　路由器 IP 地址分配情况

设备编号	接口	IP 地址	子网掩码
Router0	FastEthernet0/0	200.1.8.7	255.255.255.0
	FastEthernet0/1	172.16.8.1	255.255.255.0
ISP	FastEthernet0/0	69.19.6.1	255.255.255.0
	FastEthernet0/1	200.1.8.8	255.255.255.0

（2）路由器的基本配置
① Router0 路由器。

```
Router>en
Router#conf t
Enter configuration commands, one per line.    End with CNTL/Z.
Router(config)#hostname Router0
Router0(config)#int f0/0
Router0(config-if)#ip add 200.1.8.7 255.255.255.0
Router0(config-if)#no shut
Router0(config-if)#exit
Router0(config)#int f0/1
Router0(config-if)#ip add 172.16.8.1 255.255.255.0
Router0(config-if)#no shut
Router0(config-if)#exit
Router0(config)#
```

② ISP 路由器。

```
Router>en
Router#conf t
Enter configuration commands, one per line.    End with CNTL/Z.
Router(config)#hostname ISP
ISP(config)#int f0/0
```

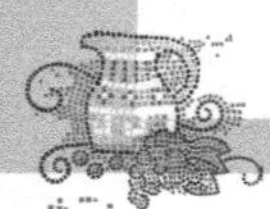


```
ISP (config-if)#ip add 69.19.6.1 255.255.255.0
ISP(config-if)#no shut
ISP(config-if)#exit
ISP(config)#int f0/1
ISP(config-if)#ip add 200.1.8.8 255.255.255.0
ISP(config-if)#no shut
ISP(config-if)#exit
ISP(config)#
```

③ 配置默认路由。

```
Router0(config)# ip route 0.0.0.0 0.0.0.0 200.1.8.8
```

④ 配置 NAT。

```
Router0(config)# int fa0/1
Router0(config-if)# ip nat inside
Router0(config-if)#exit
Router0(config)# int fa0/0
Router0(config)# ip nat ouside
Router0(config-if)#exit
Router0(config)# ip nat inside soruce static tcp 172.16.8.5 80 200.1.8.5 80
```

/定义一个静态的ＮＡＴ，只允许外网用户访问内网的ＨＴＴＰ服务，其他的不可以访问

4．验证

① 显示活动的转换条目。

```
Router0#show ip nat translations
Pro  Inside global      Inside local      Outside local      Outside global
tcp  200.1.8.5:80       172.16.8.5:80     ---                ---
tcp  200.1.8.5:80       172.16.8.5:80     63.19.6.2:1025     63.19.6.2:1025
```

② 显示转换的统计信息。

```
Router0#show ip nat statistics
Total translations: 2 (1 static, 1 dynamic, 2 extended)
Outside Interfaces: FastEthernet0/0
Inside Interfaces: FastEthernet0/1
Hits: 8  Misses: 33
Expired translations: 0
Dynamic mappings:
```

③ 在 PC0 上使用 Web Browser（Web 浏览器）访问 Web 服务器，网页浏览页面如图 5-5 所示。

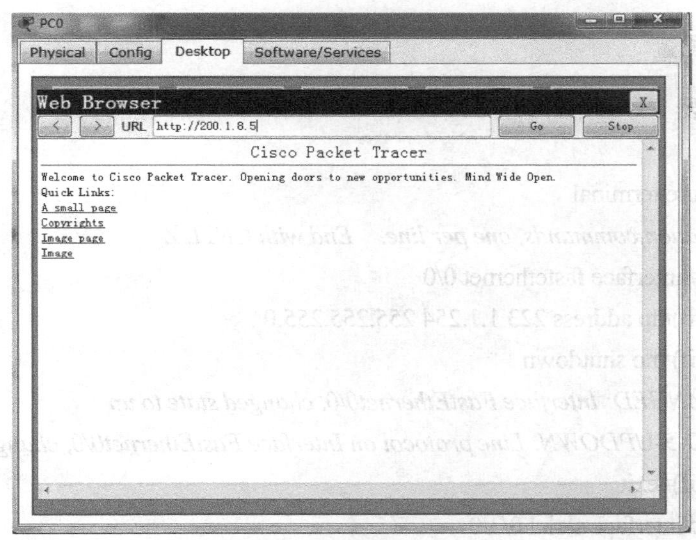

图 5-5　浏览网页

实验 2　利用动态 NATP 实现局域网访问互联网

某职业学院使用私有地址的网络，而且学校只注册一个合法的 IP 地址，学校领导要求内网的计算机都能访问因特网，实验拓扑结构如图 5-6 所示。

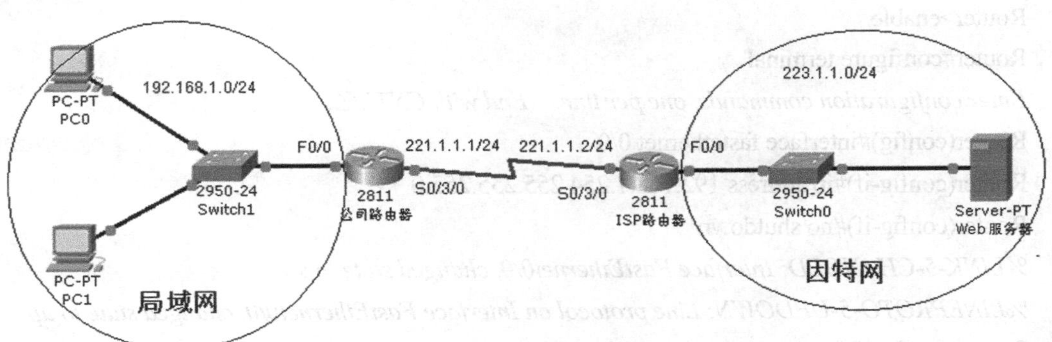

图 5-6　动态 NAT

1．硬件的连接及配置说明

在 Packet Tracer 6.0 工作台面中添加 2 台 2811 路由器、2 台 2950-24 交换机、2 台 PC 和 1 台服务器，并按实验拓扑结构进行连接。

各设备配置说明：

① PC0 的 IP 地址为 192.168.1.1/24，网关为 192.168.1.254。

② PC1 的 IP 地址为 192.168.1.2/24，网关为 192.168.1.254。

③ Web 服务器的 IP 地址为 223.1.1.1/24，网关为 223.1.1.254。

④ 交换机上不做任何配置。

2．路由器的配置

（1）ISP 路由器

```
Router>enable
Router#configure terminal
Enter configuration commands, one per line.    End with CNTL/Z.
Router(config)#interface fastethernet 0/0
Router(config-if)#ip address 223.1.1.254 255.255.255.0
Router(config-if)#no shutdown
%LINK-5-CHANGED: Interface FastEthernet0/0, changed state to up
%LINEPROTO-5-UPDOWN: Line protocol on Interface FastEthernet0/0, changed state to up
Router(config-if)#exit
Router(config)#interface serial 0/3/0
Router(config-if)#clock rate 56000
Router(config-if)#ip address 221.1.1.2 255.255.255.0
Router(config-if)#no shutdown
%LINK-5-CHANGED: Interface Serial0/3/0, changed state to up
```

（2）公司路由器

```
Router>enable
Router#configure terminal
Enter configuration commands, one per line.    End with CNTL/Z.
Router(config)#interface fastethernet 0/0
Router(config-if)#ip address 192.168.1.254 255.255.255.0
Router(config-if)#no shutdown
%LINK-5-CHANGED: Interface FastEthernet0/0, changed state to up
%LINEPROTO-5-UPDOWN: Line protocol on Interface FastEthernet0/0, changed state to up
Router(config-if)#exit
Router(config)#interface serial 0/3/0
Router(config-if)#clock rate 56000
Router(config-if)#ip address 221.1.1.1 255.255.255.0
Router(config-if)#no shutdown
%LINK-5-CHANGED: Interface Serial0/3/0, changed state to up
Router(config-if)#exit
Router(config)#ip route 0.0.0.0 0.0.0.0 221.1.1.2
```

（3）NAT 配置（公司路由器）

```
Router(config)#access-list 1 permit 192.168.1.0 0.0.0.255
Router(config)#ip nat inside source list 1 interface s0/3/0 overload
Router(config)#interface fastethernet 0/0
Router(config-if)#ip nat inside
```

```
Router(config-if)#interface serial 0/3/0
Router(config-if)#exit
Router(config)#interface serial 0/3/0
Router(config-if)#ip nat outside
```

3. 验证

① 显示活动的转换条目。

```
Router#show ip nat translations
Pro  Inside global      Inside local        Outside local    Outside global
tcp 221.1.1.1:1025      192.168.1.2:1025    223.1.1.1:80     223.1.1.1:80
tcp 221.1.1.1:1026      192.168.1.2:1026    223.1.1.2:80     223.1.1.2:80
```

② 显示转换的统计信息。

```
Router#show ip nat statistics
Total translations: 2 (0 static, 2 dynamic, 2 extended)
Outside Interfaces: Serial0/3/0
Inside Interfaces: FastEthernet0/0
Hits: 37    Misses: 13
Expired translations: 11
Dynamic mappings:
```

③ 在PC0上使用Web Browser（Web浏览器）访问Web服务器，网页浏览页面如图5-7所示。

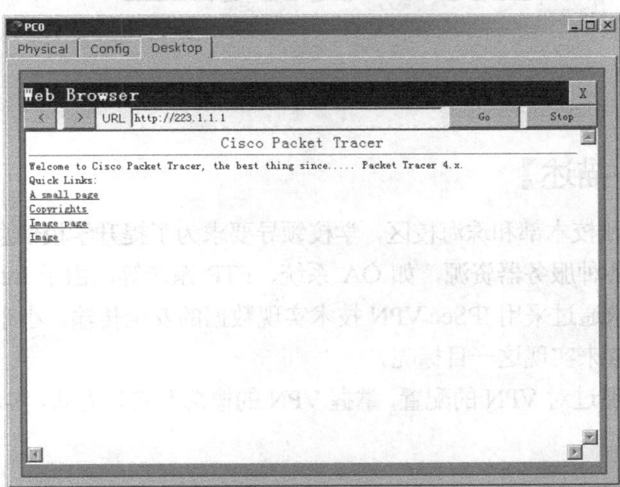

图5-7　浏览网页

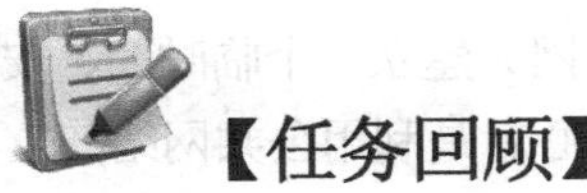

【任务回顾】

1．选择题

（1）某公司维护它自己的公共Web服务器，并打算实现NAT，应该为该Web服务器使用哪

一种类型的NAT？（　　）

A.动态　　B.静态　　C.PAT　　D.不使用NAT

（2）NAT不支持的流量类型是（　　）。

A.ICMP　　B.DNS区域传输　　C.BOOTP　　D.FTP

（3）下列关于NAT缺点描述正确的是？（　　）

A.NAT增加了延迟

B.失去了端对端IP的traceability

C.NAT通过内部网的私有化来节约合法的注册寻址方案

D.NAT技术使得NAT设备维护一个地址转换表，用来把私有的IP地址映射到合法的IP地址上去

2．综合题

（1）如果没有路由路，是否可以通过其他设备或软件来实现NAT的功能？

（2）静态NAT、动态NAT和超载NAT3种NAT技术在网络中的作用是什么？在网络中解决了哪些问题呢？

（3）最常用的网络地址转换模式有哪几种？

（4）自行设计网络拓扑结构，进行PAT的配置，实现网络访问。

（5）自行设计网络拓扑结构，进行NAT的综合配置，实现网络访问。

任务3　安装与配置VPN

【任务描述】

某职业学院有广州校本部和珠海校区，学校领导要求为了提升学校信息办公，珠海校区要远程访问广州校本部的各种服务器资源，如OA系统、FTP系统等，由于Internet上的网络传输本身存在安全隐患，要求通过采用IPSec VPN技术实现数据的安全传输。小东是学校网络中心的网络管理员，应如何配置来实现这一目标呢？

本任务的目标是通过对VPN的配置，掌握VPN的概念及实现方式，实现安全访问学校内部。

【预备知识】

虚拟专用网（VPN）被定义为通过一个公用网络（通常是因特网）建立一个临时的、安全的连接，是一条穿过混乱的公用网络的安全、稳定的隧道。VPN的核心就是利用公共网络建立虚拟私有网。

VPN可以通过特殊的加密的通信协议在连接在Internet上的位于不同地方的两个或多个企业内部网之间建立一条专有的通信线路，可以帮助远程用户、公司分支机构、商业伙伴及供应商同

公司的内部网建立可信的安全连接，并保证数据的安全传输。

1．VPN 术语

① 隧道：网络中虚拟的点对点连接，用来传输以一种协议封装的（如 IP 分组）另一种协议的数据流（如加密后的密文）。

② 加密：将明文转换成密文，使未经授权的用户不可以使用的过程。

③ 解密：将密文转换成明文，使授权用户可以使用的过程。

④ 散列算法：一种单向函数和数据完整性技术，使用一种算法将变长的消息和共享密钥转换成固定长度的比特串。

⑤ 身份验证：确定用户和进程的身份。

⑥ 加密系统：执行加/解密、用户身份验证、散列算法和密钥交换的系统。

⑦ 认证服务（CA）：受信任的第三服务，通过创建和授予用于加密的数字证书，确保网络用户之间的通信安全。

2．OSI 各层的加密技术

OSI 各层都有相应的加密技术可供选择，如图 5-8 所示。

① SSH：安全外壳，应用层加密技术，为每种应用提供保护，提供基于 Internet 的数据安全技术，特别是对身份的验证和加密。

② SSL：安全套接字。SSL 为基于 TCP 的应用提供保密、身份验证和完整性。

③ IPSec：IP 安全协议，保护 IP 协议安全通信的标准，主要对 IP 协议分组进行加密和认证。

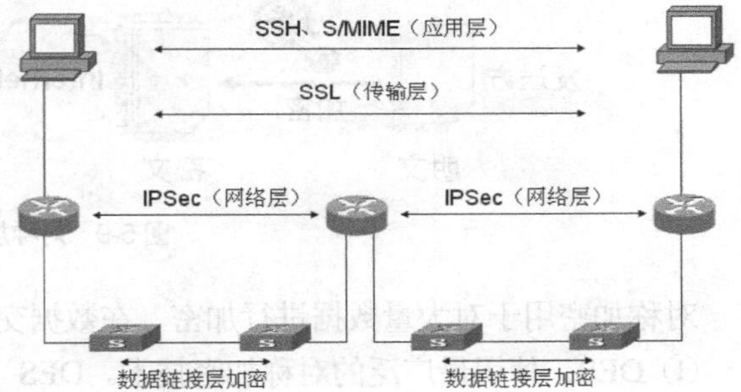

图 5-8　OSI 各层的加密技术

④ PPTP：点到点隧道协议。PPTP 是在因特网上建立 IP 虚拟专用网（VPN）隧道的协议，主要内容是在因特网上建立多协议安全虚拟专用网的通信方式。

⑤ L2TP：第二层隧道协议。L2TP 用于创建独立于介质的多协议虚拟拨号专网（VPDN），不支持加密和完整性。

⑥ GRE：VPN 的第三层隧道协议。GRE 适合需要多种协议的场点到场点的 VPN，不支持加密和完整性。

3．IPSec

为了保证 VPN 的安全，应该选择 IPSec，网络层保护是最灵活的，同时独立于介质和应用。IPSec 由以下两部分组成。

① 保护分组流的协议。保护分组流的协议分成两个部分，即加密分组流的封装安全载荷（ESP）及较少使用的认证头（AH），认证头提供了对分组流的认证并保证其消息完整性，但不提供保密性。

② 用来建立这些安全分组流的密钥交换协议。目前为止，IKE 协议是唯一已经制定的密钥交换协议，IKE 的端口号是 UDP 500。

IPSec 只支持单播，对于多种协议或多播进行隧道化，就得选择 L2TP 或 GRE。

IPSec 配置步骤主要包括以下几个。

① 确定加密策略，确定要保护的主机和网络，确定 IPSec 对等体，确保现有的 ACL 与 IPSec 兼容。

② 启动 IKE，并指定 IKE 策略和验证配置。

③ 配置 IPSec，定义变换集，创建加密 ACL，创建映射，将加密映射应用到接口。

④ 测试和验证 IPSec。

4．加密/解密技术

加密技术包括对称加密和非对称加密。

（1）对称加密

对称密钥加密，密钥既用于加密，也用于解密，发送方和接收方共同拥有单个密钥，典型的对称加密流程如图 5-9 所示。

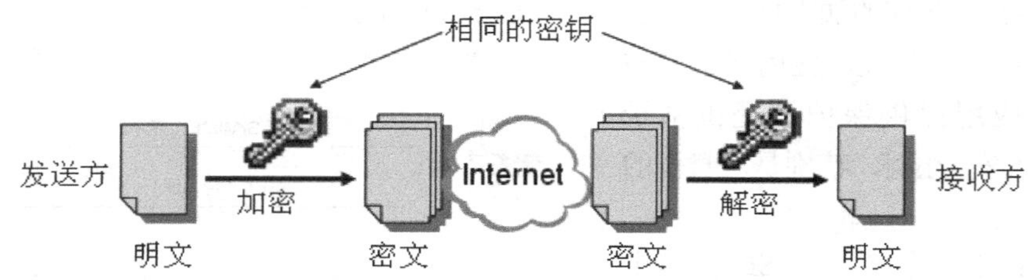

图 5-9　对称加密流程

对称加密用于对大量数据进行加密，在数据交换过程中可以多次修改密钥。

① DES：使用最广泛的对称加密技术。DES 使用一种加密算法将明文转换成密文，远端使用解密算法将密文恢复为明文，加/解密都必须使用 64 位的密钥（其中 56 位随机选择，8 位是奇偶检验位）。

② 3DES：采用 112 位的密钥进行加密，并执行 3 次 DES 操作，对 64bit 数据块依次进行加密、解密和加密操作，强度是 DES 的 256 倍，破解更加困难。

（2）非对称加密

非对称加密法又称公钥加密。非对称加密需要公开密钥和私有密钥两个不同却相关的密钥，其中，公开密钥是公开的，任何人都可以拿到，而私有密钥只有自己才有。非对称加密流程如图 5-10 所示。

图 5-10　非对称加密流程

发送方使用接受方的公开密钥进行加密，接受方用自己的私有密钥解密。非对称加密算法通常用于数字签名和进行密钥管理，常用的非对等加密算法有 RSA。

5．散列算法

散列算法确保消息的完整性，以确认消息没有被修改过。

发送方使用散列函数对消息和公共密钥进行处理，得到一个散列值（将变长的消息转换为定长的比特串，是单向的算法，即通过散列值无法得到原来的消息）；接收方将收到的消息和共用密钥进行散列算法，得到一个值，再与随同消息一起传送过来的散列值作比对，若相同，则表示消息是完整的，没有被修改过的。

散列算法有 2 种。

① HMAC-MD5：使用 128 位共用密钥，将计算出来的散列值附加在消息后一同发送给对方。

② HMAC-SHA-1：使用 160 位共用密钥，将计算出来的散列值附加在消息后一同发送给对方，加密比 MD5 强。

6．IPSec 的配置

表 5-7　　IPSec 的配置

<table>
<tr><th>命令格式</th><th>解释</th><th>配置模式</th></tr>
<tr><td>ip access-list <<i>standard</i> |<i>extended</i>> <<i>access-list number</i>></td><td></td><td rowspan="6">全局配置模式</td></tr>
<tr><td>crypto dynamic-map <i>WORD</i> <<i>1-65535</i>></td><td>创建动态加密映射条目并进行加密映射配置模式</td></tr>
<tr><td>crypto ipsec transform-set WORD</td><td>配置变换集</td></tr>
<tr><td>crypto isakmp policy <<i>1-10000</i>></td><td>定义 IKE 优先级的策略</td></tr>
<tr><td>crypto key <<i>generate</i> | <i>zeroize</i>> rsa</td><td></td></tr>
<tr><td>crypto map <i>WORD</i> <<i>1-65535</i>>
crypto map <i>WORD</i> <<i>client</i> |<i>isakmp</i>></td><td>配置 IPSec 加密映射</td></tr>
<tr><td>authentication <<i>pre-share</i> |<i>pre-shared</i>| <i>key</i>></td><td>配置认证方式</td><td rowspan="5">IKE 策略配置模式</td></tr>
<tr><td>encryption < 3des | aes | des></td><td>配置加密方式</td></tr>
<tr><td>hash <<i>md5</i> | <i>sha</i>></td><td>配置数字签名算法</td></tr>
<tr><td>group <<i>1</i> | <i>2</i> | <i>5</i>></td><td>配置 DH 方式</td></tr>
<tr><td>lifetime <<i>60-86400</i>></td><td>配置生存期</td></tr>
<tr><td>show crypto isakmp policy</td><td>查看 IKE 策略</td><td rowspan="4">特权模式</td></tr>
<tr><td>show crypto isakmp sa</td><td>查看 IKE 安全关联</td></tr>
<tr><td>show crypto map</td><td>查看 IPSec 映射</td></tr>
<tr><td>show crypto ipsec transform-set</td><td>查看变换集</td></tr>
</table>

【任务实施】

实验　IPSec VPN 的配置

某网络管理员想在公司总部和分公司的路由器上配置 IPSec，以实现公司总部与分公司的通信，实验拓扑结构如图 5-11 所示。

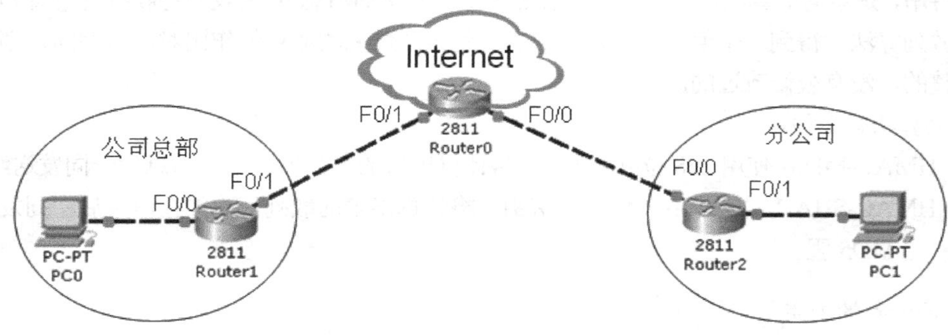

图 5-11　IPSec VPN 实验

1．硬件的连接

在 Packet Tracer 6.0 工作台面中添加 3 台 2811 路由器、2 台 PC，并按实验拓扑结构进行连接。

2．软件的设置

将 PC0 的 IP 地址设置为 192.168.10.1/24，网关设置为 192.168.10.254；PC2 的 IP 地址设置为 192.168.20.1/24，网关设置为 192.168.20.254。

3．路由器的配置

（1）路由器 IP 地址分配情况

表 5-8　　路由器 IP 地址分配情况

路由器	交接口	IP 地址	子网掩码
Router0	FastEthernet0/0	20.1.1.1	255.255.255.0
	FastEthernet0/1	10.1.1.1	255.255.255.0
Router1	FastEthernet0/0	192.168.10.254	255.255.255.0
	FastEthernet0/1	10.1.1.2	255.255.255.0
Router2	FastEthernet0/0	20.1.1.2	255.255.255.0
	FastEthernet0/1	192.168.20.254	255.255.255.0

（2）Router0 虚拟成 Internet

其配置如下：

```
Router>en
Router#conf t
Enter configuration commands, one per line.  End with CNTL/Z.
Router(config)#interface FastEthernet0/0
Router(config-if)#ip address 20.1.1.1 255.255.255.0
Router(config-if)#no shutdown
%LINK-5-CHANGED: Interface FastEthernet0/0, changed state to up
Router(config-if)#interface FastEthernet0/1
Router(config-if)#ip address 10.1.1.1 255.255.255.0
Router(config-if)#no shutdown
```

（3）配置公司总部路由器 Router1

```
Router>en
Router#conf t
Enter configuration commands, one per line.  End with CNTL/Z.
Router(config)#interface FastEthernet0/0
Router(config-if)#ip address 192.168.10.254 255.255.255.0
Router(config-if)#no shutdown
%LINK-5-CHANGED: Interface FastEthernet0/0, changed state to up
%LINEPROTO-5-UPDOWN: Line protocol on Interface FastEthernet0/0, changed state to up
Router(config-if)#interface FastEthernet0/1
Router(config-if)#ip address 10.1.1.2 255.255.255.0
Router(config-if)#no shutdown
%LINK-5-CHANGED: Interface FastEthernet0/1, changed state to up
%LINEPROTO-5-UPDOWN: Line protocol on Interface FastEthernet0/1, changed state to up
Router(config-if)#exit
Router(config)#ip route 0.0.0.0 0.0.0.0 10.1.1.1
Router(config)#crypto isakmp policy 11
Router(config-isakmp)#encryption 3des
Router(config-isakmp)#hash md5
Router(config-isakmp)#authentication pre-share
Router(config-isakmp)#crypto isakmp key my address 20.1.1.2
Router(config)#crypto ipsec transform-set one esp-3des esp-md5-hmac
Router(config)#access-list 101 permit ip 192.168.10.0 0.0.0.255 192.168.20.0 0.0.0.255
Router(config)#crypto map my 10 ipsec-isakmp
% NOTE: This new crypto map will remain disabled until a peer
        and a valid access list have been configured.
Router(config-crypto-map)#set peer 20.1.1.2
```

```
Router(config-crypto-map)#set transform-set one
Router(config-crypto-map)#match address 101
Router(config-crypto-map)# interface FastEthernet0/1
Router(config-if)#crypto map my
*Jan  3 07:16:26.785: %CRYPTO-6-ISAKMP_ON_OFF: ISAKMP is ON
```

（4）配置分公司路由器 Router2

```
Router>en
Router#conf t
Enter configuration commands, one per line.  End with CNTL/Z.
Router(config)#interface FastEthernet0/0
Router(config-if)#ip address 20.1.1.2 255.255.255.0
Router(config-if)#no shutdown
%LINK-5-CHANGED: Interface FastEthernet0/0, changed state to up
%LINEPROTO-5-UPDOWN: Line protocol on Interface FastEthernet0/0, changed state to up
Router(config-if)#interface FastEthernet0/1
Router(config-if)#ip address 192.168.20.254 255.255.255.0
Router(config-if)#no shutdown
%LINK-5-CHANGED: Interface FastEthernet0/1, changed state to up
%LINEPROTO-5-UPDOWN: Line protocol on Interface FastEthernet0/1, changed state to up
Router(config-if)#exit
Router(config)#ip route 0.0.0.0 0.0.0.0 20.1.1.1
Router(config)#crypto isakmp policy 11
Router(config-isakmp)#encr 3des
Router(config-isakmp)#hash md5
Router(config-isakmp)#authentication pre-share
Router(config-isakmp)#crypto isakmp key my address 10.1.1.2
Router(config)#crypto ipsec transform-set one esp-3des esp-md5-hmac
Router(config)#crypto map my 10 ipsec-isakmp
% NOTE: This new crypto map will remain disabled until a peer
        and a valid access list have been configured.
Router(config-crypto-map)#set peer 10.1.1.2
Router(config-crypto-map)#set transform-set one
Router(config-crypto-map)#match address 101
Router(config-crypto-map)#access-list 101 permit ip 192.168.20.0 0.0.0.255 192.168.10.0 0.0.0.255
Router(config)#interface FastEthernet0/0
Router(config-if)#crypto map my
*Jan  3 07:16:26.785: %CRYPTO-6-ISAKMP_ON_OFF: ISAKMP is ON
```

4．验证

① 在 PC0 上使用 Ping 命令测试与 PC1 的连通性。

② 在 Router1 查看 IPSec VPN 的状态信息。

```
Router#show crypto isakmp sa
IPv4 Crypto ISAKMP SA
dst             src             state          conn-id slot status
20.1.1.2        10.1.1.2        QM_IDLE           1091    0 ACTIVE
IPv6 Crypto ISAKMP SA
Router#show crypto ipsec sa
interface: FastEthernet0/1
    Crypto map tag: my, local addr 10.1.1.2
   protected vrf: (none)
   local  ident (addr/mask/prot/port): (192.168.10.0/255.255.255.0/0/0)
   remote  ident (addr/mask/prot/port): (192.168.20.0/255.255.255.0/0/0)
   current_peer 20.1.1.2 port 500
    PERMIT, flags={origin_is_acl,}
   #pkts encaps: 6, #pkts encrypt: 6, #pkts digest: 0
   #pkts decaps: 5, #pkts decrypt: 5, #pkts verify: 0
   #pkts compressed: 0, #pkts decompressed: 0
   #pkts not compressed: 0, #pkts compr. failed: 0
   #pkts not decompressed: 0, #pkts decompress failed: 0
   #send errors 1, #recv errors 0
     local crypto endpt.: 10.1.1.2, remote crypto endpt.:20.1.1.2
     path mtu 1500, ip mtu 1500, ip mtu idb FastEthernet0/1
     current outbound spi: 0x13A64D46(329665862)
     inbound esp sas:
      spi: 0x5E0861E5(1577607653)
        transform: esp-3des esp-md5-hmac ,
        in use settings ={Tunnel, }
        conn id: 2002, flow_id: FPGA:1, crypto map: my
        sa timing: remaining key lifetime (k/sec): (4525504/1348)
        IV size: 16 bytes
        replay detection support: N
        Status: ACTIVE
     inbound ah sas:
     inbound pcp sas:
     outbound esp sas:
      spi: 0x13A64D46(329665862)
```

```
        transform: esp-3des esp-md5-hmac ,
        in use settings ={Tunnel, }
        conn id: 2003, flow_id: FPGA:1, crypto map: my
        sa timing: remaining key lifetime (k/sec): (4525504/1348)
        IV size: 16 bytes
        replay detection support: N
        Status: ACTIVE
    outbound ah sas:
    outbound pcp sas:
```

【任务回顾】

思考题：

1. 简述 VPN 主要解决的问题及应用环境。
2. 描述 IPSec 的工作原理。
3. 在设备中配置 VPN 有什么作用？常见的 VPN 加密隧道协议有哪几种？
4. 写出 IPSec 的配置命令及步骤。

任务 4 AAA 和 802.1X

【任务描述】

某职业学院可以通过 Telnet、SSH、Web 和 CONSOLE 口等方式登录交换机、路由器，获得普通或者特权模式的访问权限。在网络设备众多、对网络安全要求较高的校园网中，仅仅使用交换机本地数据库的账号、密码认证功能已经满足不了用户的要求，往往希望能够采用集中、多重的认证方式，这样也能在提高安全度的前提下减轻网络管理的负担，RADIUS 服务就是其中之一。小东是学校网络中心的网络管理员，应该怎样配置来实现这一目标呢？

本任务的目标是通过配置 AAA 服务器，掌握 AAA 和 RADIUS 相关知识，实现校园网络的统一认证，提高安全度。

【预备知识】

1. AAA

AAA 是一个提供网络访问控制安全的模型，AAA 提供了对认证、授权和计费功能的一致性框架。AAA 以模块方式提供了对认证、授权和计费（审计）3 项服务。

① 认证模块用于验证用户是否可以访问网络。

② 授权模块用于明确用户可以使用哪些服务或拥有哪些权限。授权通过定义一系列描述用户被授权执行的操作的属性对来实现。属性对可存放在网络设备上，也可存放在RADIUS服务器上。

③ 计费模块用于记录用户使用网络资源的情况。计费记录存放在RADIUS服务器上，以实现对用户使用网络资源情况的统计、跟踪和记账。

AAA基本模型如图5-12所示。

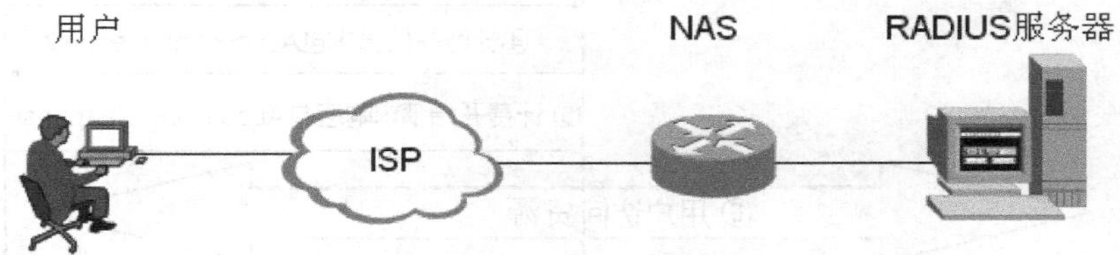

图5-12　AAA基本模型

在这个模型中，当用户需要接入到网络时，会向NAS（网络接入服务器，可以是一台服务器、路由器或交换机）发起连接请求。NAS接收到用户请求后，将用户请求发送给认证服务器（一般是RADIUS服务器）。认证服务器判断用户是否合法（接受ACCEPT或拒绝REJECT）后，将相应信息发给NAS，NAS对用户采取相应的措施。

2. RADIUS

RADIUS（远程认证拨号用户服务）是一种分布式的客户端/服务器（Client/Server）系统，与AAA结合对试图连接到网络的用户进行身份认证，防止未经授权的访问。RADIUS是目前应用最广泛的安全服务器，UNIX、Windows 2003等都将RADIUS服务作为一个组件安装。

NAS通常作为RADIUS服务器的客户端，RADIUS服务器与网络接入设备之间的信息交换是基于UDP协议的。

RADIUS服务模型通常由RADIUS服务器、客户端（NAS）和认证客户端3部分组成。服务模型如图5-13所示。

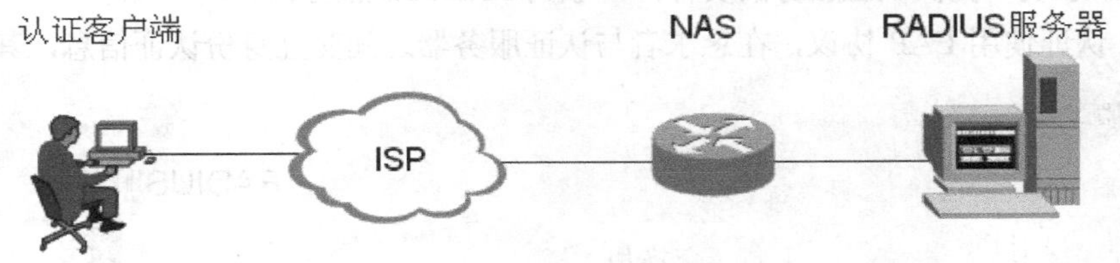

图5-13　RADIUS服务模型

在这个模型中，NAS作为RADIUS服务器的客户端，认证客户端则作为NAS的客户端。当认证客户端需要连接网络时，NAS决定对用户采用什么验证方法，如CHAP。用户以明文方式将用户名和密码传输给NAS，NAS将认证客户端的认证信息发送给RADIUS服务器，由RADIUS服务器根据数据库的记录返回认证结果。

RADIUS认证过程、授权过程和计费过程如图5-14所示。

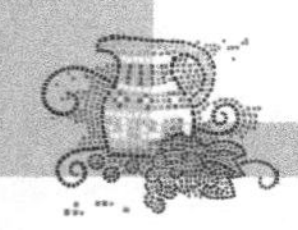

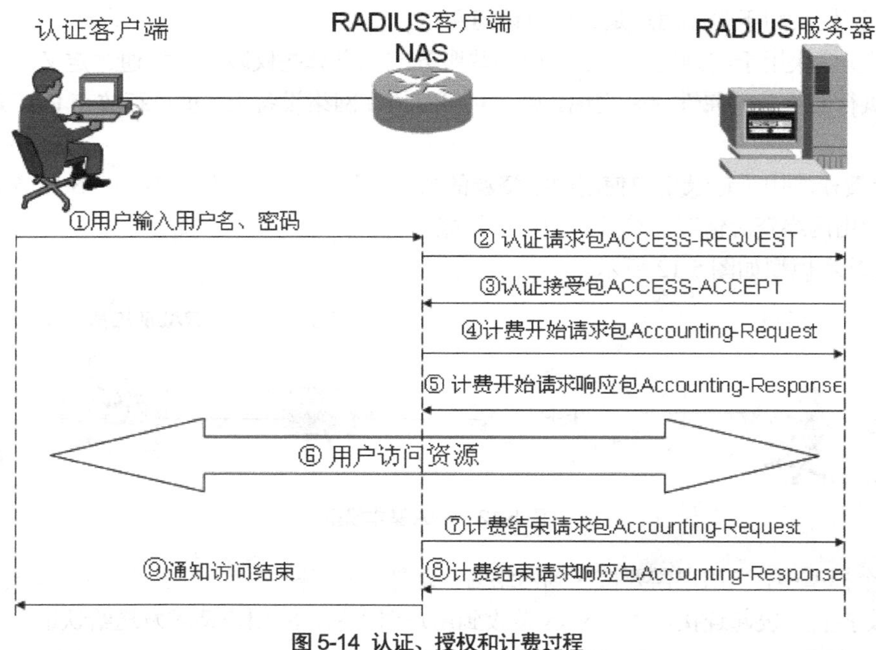

图 5-14 认证、授权和计费过程

3. 802.1X

802.1X 原本用于解决无线局域网（WLAN）用户的接入认证问题，由于它提供的安全机制成本低、扩展性好、灵活度高而得到广泛的应用，现在也被用于解决有线局域网的安全接入问题。

802.1X 协议是一种基于端口的网络接入控制协议，即在局域网接入设备的端口级别对所接入的设备进行认证和控制。连接到端口上的设备是否能通过认证决定终端设备是否被允许访问局域网中的资源。

IEEE 802.1X 标准定义了一个客户端/服务器（Client/Server）的体系结构来防止未经授权的设备接入到局域网中。802.1X 体系结构包括恳求者系统（支持 802.1X 认证的用户终端设备，如安装了 802.1X 客户端软件的计算机）、认证系统（支持 802.1X 的网络设备，如无线 AP、交换机等）和认证服务器系统（提供认证服务的实体，一般为 RADIUS 服务器）3 个组件。

802.1X 认证使用 EAP 协议，在恳求者与认证服务器之间交互身份认证信息，其工作机制如图 5-15 所示。

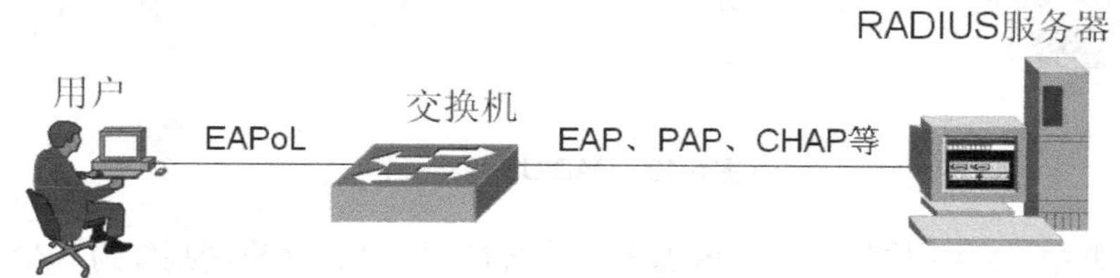

图 5-15 802.1X 工作机制

在接入层的交换机上启用 802.1X 认证，可以防止非法客户端接入到网络中，如图 5-16 所示。

在汇集层的交换机的下行端口上（连接到接入层交换机的端口）启用 802.1X 认证，可以防

止非法客户端访问网络中其他区域的资源，如图 5-17 所示。

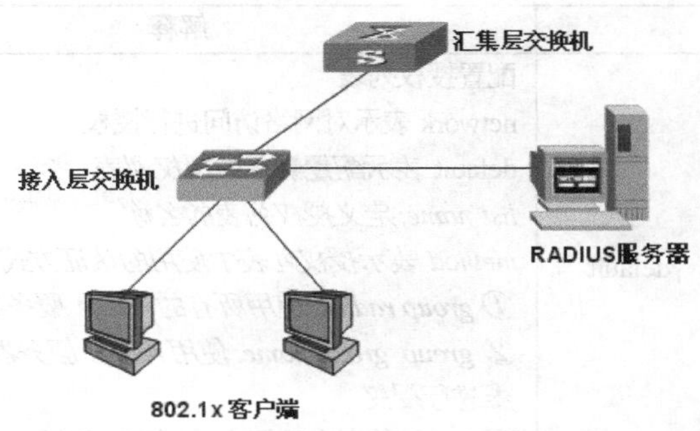

图 5-16　接入层启用 802.1X 认证

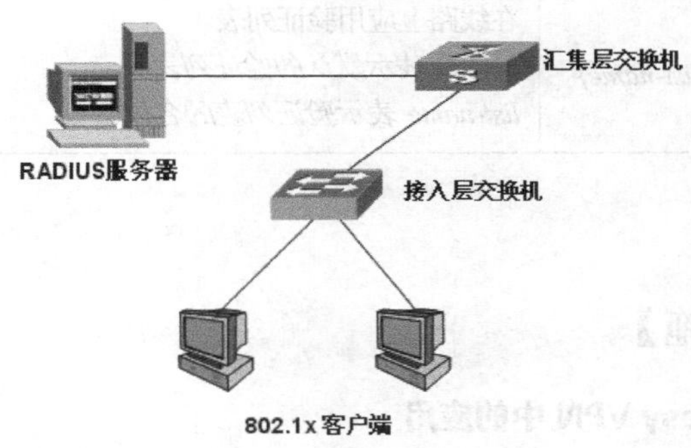

图 5-17　汇集层启用 802.1X 认证

4．AAA 配置命令

表 5-9　　　　　　　　　　AAA 配置命令

命令格式	解释	配置模式
aaa new-model	启用 AAA，默认情况 AAA 为禁用状态	全局配置模式
aaa authentication <*service*> {default| *list-name*} <*method*>	配置验证列表 *service 表示针对哪种接入方式进行认证* *① dot1x:对 802.1X 的接入行为进行认证* *② enable:对进入特权模式行为进行认证* *③ login:对登录本地的行为进行认证* *④ PPP:对 PPP 接入进行认证* default *表示配置默认的验证列表* *list-name:定义验证列表的名称* *method 表示验证列表中使用的认证方式* *① group radius:使用所有的 radius 服务器进行验证* *② group group-name:使用 radius 服务器组中的服务器进行验证* *③ local:使用本地用户数据库进行验证* *④ none:不验证*	

续表

命令格式	解释	配置模式
aaa authorization network {default | *list-name*} <*method*>	配置授权列表 network 表示对网络访问进行授权 default *表示配置默认的授权列表* *list-name:定义授权列表的名称* *method 表示授权列表中使用的认证方式* *① group radius:使用所有的radius 服务器进行授权* *② group group-name:使用radius 服务器组中的服务器进行授权* *③ local:使用本地用户数据库进行授权* *④ none:不授权*	
login authentication {default | *list-name*}	在线路上应用验证列表 default *表示默认的验证列表* *list-name 表示验证列表的名称*	线路配置模式

【任务实施】

实验　AAA 验证在 Easy VPN 中的应用

某网络管理员准备在公司总部和分公司的路由器上配置 Easy VPN（Cisco 独有的远程接入 VPN 技术），以实现公司总部与分公司的通信，并使用 AAA 服务器确保网络通信的安全，实验拓扑结构如图 5-18 所示。

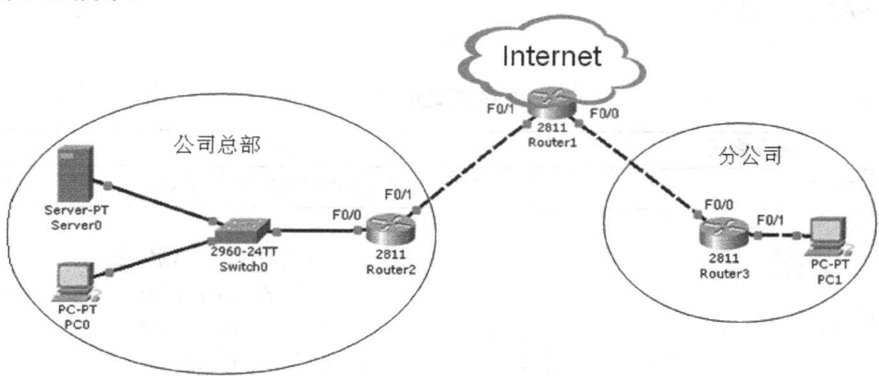

图 5-18　AAA 实验

1．硬件的连接

在 Packet Tracer 6.0 工作台面中添加 3 台 2811 路由器、2 台 PC 和 1 台服务器，并按实验拓扑结构进行连接。

2．软件的设置

将 PC0 的 IP 地址设置为 192.168.10.1/24，网关设置为 192.168.10.254；PC2 的 IP 地址设置为

192.168.20.1/24，网关设置为 192.168.20.254。

将 Server0 的 IP 地址设置为 192.168.10.2/24，网关设置为 192.168.10.254，并启用和配置 AAA 服务器。AAA 服务器的设置方法如图 5-19 所示。

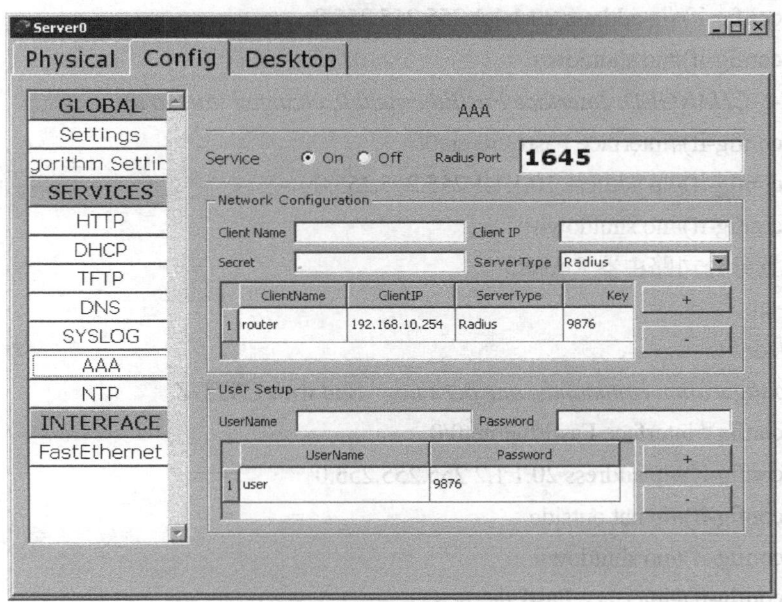

图 5-19　AAA 服务器的设置

Client Name 可以随意填写；Client IP 填入要管理的网络设备（路由器或交换机等）的 IP 地址；Secret 填入 AAA 服务器与要管理的网络设备之间的密钥；ServiceType 选择协议类型，其中，Radius 是国际标准，Tacacs 是 Cisco 专有的协议。

UserName 和 Password 可以根据实际情况设定。

3．路由器的配置

（1）路由器 IP 地址分配情况

表 5-10　　路由器 IP 地址分配情况

路由器	交接口	IP 地址	子网掩码
Router1	FastEthernet0/0	20.1.1.1	255.255.255.0
	FastEthernet0/1	10.1.1.1	255.255.255.0
Router2	FastEthernet0/0	192.168.10.254	255.255.255.0
	FastEthernet0/1	10.1.1.2	255.255.255.0
Router3	FastEthernet0/0	20.1.1.2	255.255.255.0
	FastEthernet0/1	192.168.20.254	255.255.255.0

（2）Router1 虚拟成 Internet

其配置如下：

```
Router>en
```

```
Router#conf t
Enter configuration commands, one per line.    End with CNTL/Z.
Router(config)#interface FastEthernet0/0
Router(config-if)#ip address 20.1.1.1 255.255.255.0
Router(config-if)#no shutdown
%LINK-5-CHANGED: Interface FastEthernet0/0, changed state to up
Router(config-if)#interface FastEthernet0/1
Router(config-if)#ip address 10.1.1.1 255.255.255.0
Router(config-if)#no shutdown
```

（3）配置分公司路由器 Router3

```
Router>en
Router#conf t
Enter configuration commands, one per line.    End with CNTL/Z.
Router(config)#interface FastEthernet0/0
Router(config-if)#ip address 20.1.1.2 255.255.255.0
Router(config-if)#ip nat outside
Router(config-if)#no shutdown
Router(config-if)#interface FastEthernet0/1
Router(config-if)#ip address 192.168.20.254 255.255.255.0
Router(config-if)#no shutdown
Router(config-if)#ip nat inside
Router(config-if)#shutdown
Router(config-if)#ip nat inside source list 1 interface FastEthernet0/0 overload
%LINK-5-CHANGED: Interface FastEthernet0/0, changed state to up
%LINEPROTO-5-UPDOWN: Line protocol on Interface FastEthernet0/0, changed state to up
Router(config)#ip route 0.0.0.0 0.0.0.0 20.1.1.1
Router(config)#access-list 1 permit 192.168.20.0 0.0.0.255
```

在 PC1 使用 Ping 命令测试与 Internet 路由器（Router1）的连接情况，可见是可以通信的，这表明分公司的用户是可以连接到 Internet 的。

（4）配置公司总部路由器 Router2

```
Router>en
Router#conf t
Enter configuration commands, one per line.    End with CNTL/Z.
Router(config)#interface FastEthernet0/0
Router(config-if)#ip address 192.168.10.254 255.255.255.0
Router(config-if)#no shutdown
%LINK-5-CHANGED: Interface FastEthernet0/0, changed state to up
%LINEPROTO-5-UPDOWN: Line protocol on Interface FastEthernet0/0, changed state to up
Router(config-if)#interface FastEthernet0/1
```

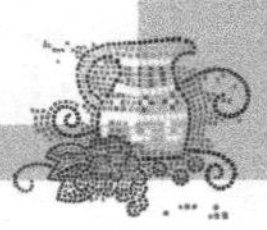

```
Router(config-if)#ip address 10.1.1.2 255.255.255.0
Router(config-if)#no shutdown
%LINK-5-CHANGED: Interface FastEthernet0/1, changed state to up
%LINEPROTO-5-UPDOWN: Line protocol on Interface FastEthernet0/1, changed state to up
Router(config-if)#exit
Router(config)#ip route 0.0.0.0 0.0.0.0 10.1.1.1        /分配给 Easy VPN 接入的地址
Router(config)#aaa new-model
Router(config)#aaa authentication login mya local
Router(config)#aaa authorization network myo local
Router(config)#username user password 9876                        /创建用户名和密码
Router(config)#crypto isakmp policy 11
Router(config-isakmp)#hash md5
Router(config-isakmp)#authentication pre-share
Router(config-isakmp)#group 2
Router(config-isakmp)#ip local pool my 192.168.30.1 192.168.30.10
                                                    /分配给 Easy VPN 接入的地址
Router(config)#crypto isakmp client configuration group myone      /Easy VPN 的组名
Router(config-isakmp-group)#key 9876                               /Easy VPN 的密码
Router(config-isakmp-group)#pool my
Router(config-isakmp-group)#crypto ipsec transform-set one esp-3des esp-md5-hmac
Router(config)#crypto dynamic-map mymap 10
Router(config-crypto-map)#set transform-set one
Router(config-crypto-map)#reverse-route                            /反向路由注入
Router(config-crypto-map)#crypto map my client authentication list mya
Router(config)#crypto map my isakmp authorization list myo
Router(config)#crypto map my client configuration address respond
Router(config)#crypto map my 10 ipsec-isakmp dynamic mymap
Router(config)#interface FastEthernet0/1
Router(config-if)#crypto map my
*Jan    3 07:16:26.785: %CRYPTO-6-ISAKMP_ON_OFF: ISAKMP is ON
```

4．验证

（1）VPN 连接前

在分公司的 PC（PC1）使用 Ping 命令测试与 PC0 的连接情况，可见是无法连接的。

（2）建立 VPN 连接后

在分公司的 PC（PC1）的桌面上打开“VPN Configuration”，GroupName 填入“myone”，Group Key 填入“9876”，Host IP 填入 10.1.1.2，Username 填入“user”，Password 填入“9876”，然后单击“Connect”按钮，如图 5-20 所示。

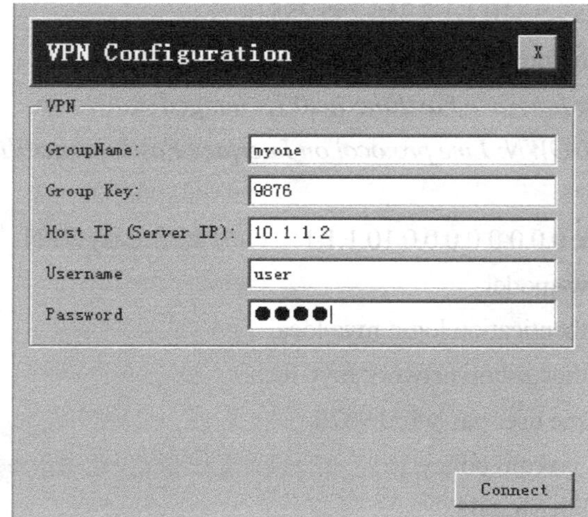

图 5-20　建立 VPN 连接

现在使用 Ping 命令测试与 PC0、Server0 的连接情况，可见已经连接上了。

【任务回顾】

思考题：

1．描述 AAA 的基本模型。

2．描述 RADIUS 认证过程、授权过程和计费过程。

3．AAA 配置命令及步骤。

项目六

广域网技术及应用

【项目导入】

广域网将汇聚在各地的局域网互连起来，为局域网之间的数据传输提供信息，因此在一个开放式的网络中，广域网的设计也是很重要的。在实际工作中，经常需要对设备进行配置，包括PPP（HDLC）协议封装、PPP 协议验证技术、FR 协议验证技术等。掌握广域网的配置，对从事网络设计、网络管理等工作的技术人员有着重大意义。本项目主要掌握 PPP（HDLC）协议封装、PPP 协议验证技术、FR 协议验证技术等相关知识及配置。

【学习目标】

- ✧ 掌握 WAN 的基本知识
- ✧ 理解 PPP 协议
- ✧ 理解 HDLC 协议
- ✧ 理解 PPP 的工作过程
- ✧ 理解 PAP 和 CHAP 验证
- ✧ 掌握帧中继的基本知识
- ✧ 掌握 PPP（HDLC）协议的配置
- ✧ 掌握 PAP 和 CHAP 验证的配置
- ✧ 掌握 FR 的配置

任务1　PPP（HDLC）协议封装

【任务描述】

某职业学院有广州校本部和珠海校区，学校领导出于学校信息的网络安全考虑，要求广州校本部与珠海校区之间的路由器进行链路协议时使用身份认证，保持网络连通。小东是学校网络中心的网络管理员，如何配置来实现这一目标呢？

本任务的目标是通过对PPP（HDLC）协议的配置，掌握广域网技术的概念及连接技术方式，实现学校内部主机通信，提供安全性。

【预备知识】

1．广域网（WAN）概念

计算机网络按覆盖的地理范围分局域网、城域网和广域网。局域网只能在一个相对比较短的距离内实现，当主机之间的距离较远时，例如，相隔几十或几百公里，甚至几千公里，局域网显然就无法完成主机之间的通信任务。这时就需要另一种结构的网络，即广域网。广域网（Wide Area Networks，WAN）的地理覆盖范围可以从数公里到数千公里，可以连接若干个城市、地区甚至跨越国界，从而成为遍及全球的一种计算机网络，如图6-1所示。

图6-1　广域网

2．广域网连接类型

与局域网不一样，由于广域网连接需要经过长途传输，信号可能需要进行转换，同时还要处理许多局域网不需要处理的问题，如校验、身份验证等。

在考虑选择广域网连接类型的时候，需要进行多方面的考虑，主要考虑包括以下衡量广域网连接质量的因素。

① 可用性。首先需要考虑的是广域网服务类型的可用性。不同国家和地区可能提供不同类型的广域网连接，包括 X.25、ISDN、DDN、xDSL 等。在指定技术方案的时候，应首先将本地不能提供的广域网服务类型排除在外。

② 带宽。不同的广域网连接类型可以提供的带宽也可能不同。高带宽链路可以为本地用户提供更高质量的广域网接入服务。当然，更高带宽可能意味着更多的投入和开销。要根据企业日常业务实际所需要的平均带宽来选择一种或者几种广域网链接类型（做主链路和备份链路），同时还需要留出一定的带宽余量。

③ 花费。花费除了初期的设备投资、设备安装、调试费用之外，还有每月都产生的线路租用费。线路租用费可能是包月形式的固定月租费，也可能是一定的月租费加上浮动的流量费用或者时间费用等。

常有的连接类型主要有 4 类：专用线路、电路交换线路、包交换线路和信元交换线路。

3. 广域网封装类型

① 高级数据链路控制协议（High-Level Data Link Control，HDLC）：该协议是点对点专用链路和电路交换连接的默认封装类型。HDLC 是一种面向比特的同步数据链路层协议，它典型地用于路由器设备之间的通信。

② 点对点协议（Point-Point-Protocol，PPP）:通过同步和异步电路提供路由器到路由器和主机到网络的连接。PPP 被设计成几个网络层协议，如 IP 和 IPX 一起工作。它还有内置的安全机制，比如密码验证协议（PAP）和竞争握手验证协议（CHAP）。

③ 串行线路网际协议（Serial Line Internet Protocol，SLIP）:它使用 TCP/IP 的点到点串行连接的标准协议。SLIP 有很多方面已经被 PPP 替代了。

④ X.25/平衡链路访问过程（Link Access Procedure Balanced，LAPB）:这是一个 ITU-T 标准，它定义了怎样连接维护公用数据网络上远程终端访问和计算机通信的 DTE 和 DCE。

⑤ 帧中继：这是一个交换式数据链层协议的工业标准，它处理多个虚电路。帧中继是 X.25 的下一代，它经过改进消除了 X.25 中的一些消耗时间的处理，如纠错和流控制等。

⑥ 异步传输控制（Asynchronous Transfer Mode，ATM）：单元转发的国际标准，它将各种服务类型的数据转成定长的小单元，定长的单元允许用硬件进行处理，减少了传输延时。

4. 高级数据链路控制协议（HDLC）

高级数据链路控制（High-Level Data Link Control，HDLC），是一个在同步网上传输数据、面向比特的数据链路层协议。它是由国际标准化组织（ISO）根据 IBM 公司的 SDLC（Synchronous Data Link Control）协议扩展开发而成的。

HDLC 是一个点对点的数据传输协议，其帧的结构有 2 种类型，一种是 ISO HDLC 帧结构，另一种是 Cisco HDLC 帧结构。

① ISO HDLC 采用 SDLC 的帧格式，支持同步、全双工操作，分为物理层及 LLC 两个子层，其帧结构如图 6-2 所示，整个 HDLC 的帧由标志字段、地址字段、控制字段、数据字段、帧校验序列字段等组成。由于 HDLC 是点到点串行线路上的帧封装格式，所以其帧格式和以前介绍的以太网帧格式有很大差别，HDLC 没有源 MAC 地址和目的 MAC 地址。所谓点到点线路是指该线路只有 2 个主机存在，那么从线路一端进入的数据一定是到达对端的，所以理论上可以不需要第

二层地址。

帧标志序列 (F)	地址 (A)	控制 (C)	数据 (D)	校验和 (FCS)	帧标志序列 (F)

图 6-2 ISO HDLC 帧格式

② Cisco HDLC 的帧结构在 ISO HDLC 的基础上增加了一个 Cisco 专有位(Proprietary),如图 6-3 所示。它无 LLC 子层，从而 Cisco HDLC 对上层数据只进行物理封装，没有应答、重传机制，所有的纠错处理由上层协议处理。

帧标志序列 (F)	地址 (A)	控制 (C)	专有位 (P)	数据 (D)	校验和 (FCS)	帧标志序列 (F)

图 6-3 Cisco HDLC 帧格式

由于 Cisco HDLC 和 ISO HDLC 的帧结构不同，所以两者互不兼容。在具体组网时，如果链路的两端都是 Cisco 设备，则可采用 Cisco HDLC 协议，其效率比 PPP 协议高得多；但如果 Cisco 设备与非 Cisco 设备连接，则不能采用 HDLC 协议，而应采用 PPP 协议。

5. 点对点协议（PPP）

PPP（Point-to-Point-Protocol）是提供在点到点链路上承载网络层数据包的一种链路层协议。在广域网中，其他厂商的路由器如果不支持 Cisco HDLC 封装，则当非 Cisco 路由器之间和 Cisco 与非 Cisco 路由器连接时，专线连接或拨号连接时，PPP 协议成为必选的协议。

PPP 定义了一整套的协议，包括链路控制协议（LCP）、网络层控制协议（NCP）和认证协议（PAP 和 CHAP）。由于 PPP 协议具有协议简单、动态 IP 地址分配、可对传输数据进行压缩、支持更多的网络层协议（如 IP、IPX、AppleTalk、DECnet 等）、提供用户认证、易于扩充以及支持同异步等优点，因而成为广域网上使用非常广泛的协议之一。目前，它已成为各种主机、网桥和路由器之间通过拨号或专线方式建立点对点连接的首选方案，主要用于家庭拨号上网、ADSL 上网、局域网的点对点连接等。

6. 配置命令

表 6-1 所示为配置命令。

表 6-1 配置命令

命令格式	解释	配置模式
clock rate *bit/s*	配置时钟频率，需要在 DCE 设备上配置。时钟频率取值范围是：1200、2400、4800、9600、19200、38400、57600、64000、115200、128000 等	接口配置模式
encapsulation *encapsulation-type*	*encapsulation-type* 的具体参数主要包括 Frame-relay（帧中继链路协议）、HDLC（高级数据链路控制协议 HDLC）、PPP（点对点协议）等。 注意：使用 no encapsulation 命令恢复缺省封装	
Show interface <*interface*>	查看端口的状态	特权模式

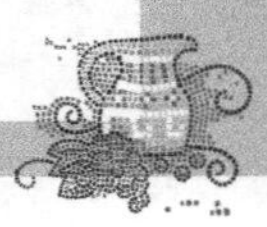

【任务实施】

实验 1　路由器 PPP 封装的配置

按照拓扑结构图，要求通过对路由器进行 PPP 协议的配置，实现校园网区域间的正常互连访问，PPP 封装网络拓扑结构图如图 6-4 所示。

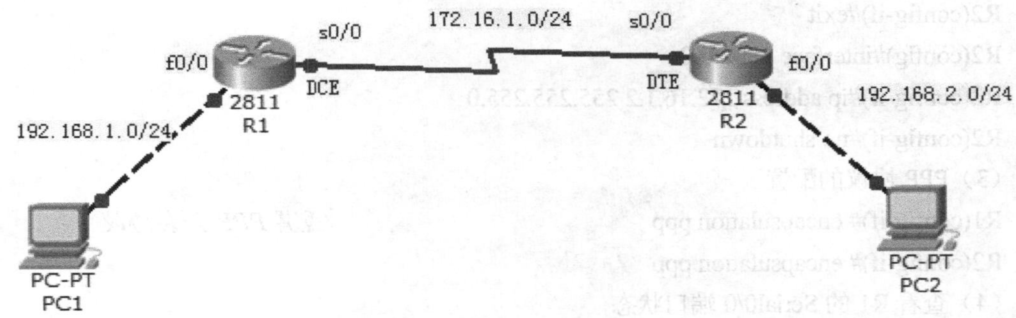

图 6-4　PPP 封装网络拓扑图

1．硬件的连接

在 Packet Tracer 6.0 工作台面中添加 2 台 2811 路由器、2 台 PC，并按实验拓扑结构进行连接。

2．软件的设置

① 按照拓扑结构图设置 PC1 的 IP 地址为 192.168.1.1，网关地址 192.168.1.2；PC2 的 IP 地址 192.168.2.1，网关地址为 192.168.2.2。

② 路由器的相关配置按拓扑结构自行设置。

3．路由器的基本配置

（1）R1 的配置

```
Router>enable
Router#config terminal
Router(config)#hostname R1
R1(config)#interface fastEthernet 0/0
R1(config-if)#ip address 192.168.1.2 255.255.255.0
R1(config-if)#no shutdown
R1(config-if)#exit
R1(config)#interface Serial0/0
R1(config-if)#ip address 172.16.1.1 255.255.255.0
R1(config-if)#no shutdown
R1(config-if)#clock rate 128000                    //配置 DCE 时钟频率
```

（2）R2 的配置

```
Router>enable
Router#config terminal
Router(config)#hostname R2
R2(config)#interface fastEthernet 0/0
R2(config-if)#ip address 192.168.2.2 255.255.255.0
R2(config-if)#no shutdown
R2(config-if)#exit
R2(config)#interface Serial0/0
R2(config-if)#ip address 172.16.1.2 255.255.255.0
R2(config-if)#no shutdown
```

（3）PPP 协议的配置

```
R1(config-if)# encapsulation ppp                    /配置 PPP 封装协议
R2(config-if)# encapsulation ppp
```

（4）查看 R1 的 Serial0/0 端口状态

```
R1#show int s0/0
Serial0/0 is administratively up, line protocol is up
  Hardware is HD64570
  MTU 1500 bytes, BW 1544 Kbit, DLY 20000 usec,
     reliability 255/255, txload 1/255, rxload 1/255
  Encapsulation PPP, loopback not set, keepalive set (10 sec)
  Last input never, output never, output hang never
  Last clearing of "show interface" counters never
  Input queue: 0/75/0 (size/max/drops); Total output drops: 0
  Queueing strategy: weighted fair
  Output queue: 0/1000/64/0 (size/max total/threshold/drops)
     Conversations  0/0/256 (active/max active/max total)
     Reserved Conversations 0/0 (allocated/max allocated)
     Available Bandwidth 1158 kilobits/sec
  5 minute input rate 0 bits/sec, 0 packets/sec
  5 minute output rate 0 bits/sec, 0 packets/sec
     0 packets input, 0 bytes, 0 no buffer
     Received 0 broadcasts, 0 runts, 0 giants, 0 throttles
     0 input errors, 0 CRC, 0 frame, 0 overrun, 0 ignored, 0 abort
     0 packets output, 0 bytes, 0 underruns
     0 output errors, 0 collisions, 1 interface resets
     0 output buffer failures, 0 output buffers swapped out
     0 carrier transitions
     DCD=down  DSR=down  DTR=down  RTS=down  CTS=down
```

R1#

（5）配置静态器由

```
R1(config)#ip route 192.168.2.0    255.255.255.0    s0/0
R2(config)#ip route 192.168.1.0    255.255.255.0    s0/0
```

4．验证

（1）查看 R1 路由器路由表信息

```
R1#show ip route
Codes: C - connected, S - static, I - IGRP, R - RIP, M - mobile, B - BGP
       D - EIGRP, EX - EIGRP external, O - OSPF, IA - OSPF inter area
       N1 - OSPF NSSA external type 1, N2 - OSPF NSSA external type 2
       E1 - OSPF external type 1, E2 - OSPF external type 2, E - EGP
       i - IS-IS, L1 - IS-IS level-1, L2 - IS-IS level-2, ia - IS-IS inter area
       * - candidate default, U - per-user static route, o - ODR
       P - periodic downloaded static route

Gateway of last resort is not set

     172.16.0.0/24 is subnetted, 1 subnets
C       172.16.1.0 is directly connected, Serial0/0
C       192.168.1.0/24 is directly connected, FastEthernet0/0
S       192.168.2.0/24 [1/0] via 172.16.1.2
R1#
```

（2）查看 R2 路由器路由表信息

```
R2#show ip route
Codes: C - connected, S - static, I - IGRP, R - RIP, M - mobile, B - BGP
       D - EIGRP, EX - EIGRP external, O - OSPF, IA - OSPF inter area
       N1 - OSPF NSSA external type 1, N2 - OSPF NSSA external type 2
       E1 - OSPF external type 1, E2 - OSPF external type 2, E - EGP
       i - IS-IS, L1 - IS-IS level-1, L2 - IS-IS level-2, ia - IS-IS inter area
       * - candidate default, U - per-user static route, o - ODR
       P - periodic downloaded static route

Gateway of last resort is not set

     172.16.0.0/24 is subnetted, 1 subnets
C       172.16.1.0 is directly connected, Serial0/0
S       192.168.1.0/24 [1/0] via 172.16.1.1
C       192.168.2.0/24 is directly connected, FastEthernet0/0
```

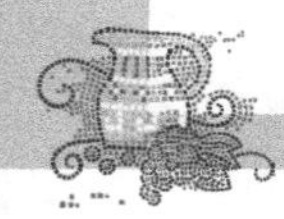

Router2#

（3）测试网络连通性

从 PC1 上使用 Ping 命令验证与 PC2 的连通情况。

【任务回顾】

1．选择题

（1）PPP 是（　　）层协议。

A.物理层　　B.链路层　　C.网络层　　D.传输层

（2）下面（　　）不是 WAN 的连接类型。

A.专用线路　　B.电路交换　　C.包交换　　D.以太网

（3）下面哪些不是 PPP 提供的功能？（　　）

A.压缩　　B.回拨　　C.多链路　　D.加密

（4）以下哪个协议为广域网链路层协议？（　　）

A.Ethernet II　　B.SDLC　　C.RIP　　D.HDLC

（5）下列哪些是 PPP 的特性？（　　）

A.不能习惯的结束相同电路

B.映射 2 层到 3 层地址

C.压缩几个通信协议

D.只支持 IP

（6）下列关于 HDLC 的说法哪个是错误的？（　　）

A.HDLC 运行于同步串行线路

B.链路层封装标准 HDLC 协议的单一链路只能承载单一的网络层协议

C.HDLC 是面向字符的链路层协议，其传输的数据必须是规定字符集

D.HDLC 是面向字符的链路层协议，其传输的数据必须是规定字符集

（7）下列关于 PPP 协议的说法哪个是正确的？（　　）

A.PPP 协议是一种 NCP 协议

B.PPP 协议与 HDLC 同属广域网协议

C.PPP 协议只能工作在同步串行链路上

D.PPP 协议是三层协议

2．综合题

（1）描述 HDLC 协议的特性及应用环境。

（2）描述 PPP 协议的特性及应用环境。

（3）自行设置拓扑图，配置 PPP 协议，实现网络互通。

任务 2　PPP 协议验证技术

【任务描述】

某职业学院有广州校本部和珠海校区，为了各校区之间的安全接入，保证校区之间在共用链路接入外部网络时的网络安全性，领导要求对接入的技术采用具有验证的功能，以保证网络接入的安全性。小东是学校网络中心的网络管理员，如何配置才能实现这一目标呢？

本任务的目标是通过对 PAP、CHAP 协议的配置，掌握 PAP、CHAP 协议验证过程，实现网络接入的安全性。

【预备知识】

PPP 协议以其简单、具备用户验证功能等优点而替代 HDLC 等协议，成为目前广域网上应用最广泛的协议之一。

在 PPP 协议链路建立阶段，进行链路认证主要有 2 种方式，分别为口令认证协议（PAP）和挑战握手认证协议（CHAP 协议）。PAP 和 CHAP 协议是目前在 PPP（MODEM 或 ADSL 拨号）中普遍使用的认证协议。

1．PPP 的工作过程

PPP 需经历链路不可用阶段、链路建立阶段、验证阶段、网络层协议阶段、网络终止阶段等几个阶段。PPP 的工作过程如图 6-5 所示。

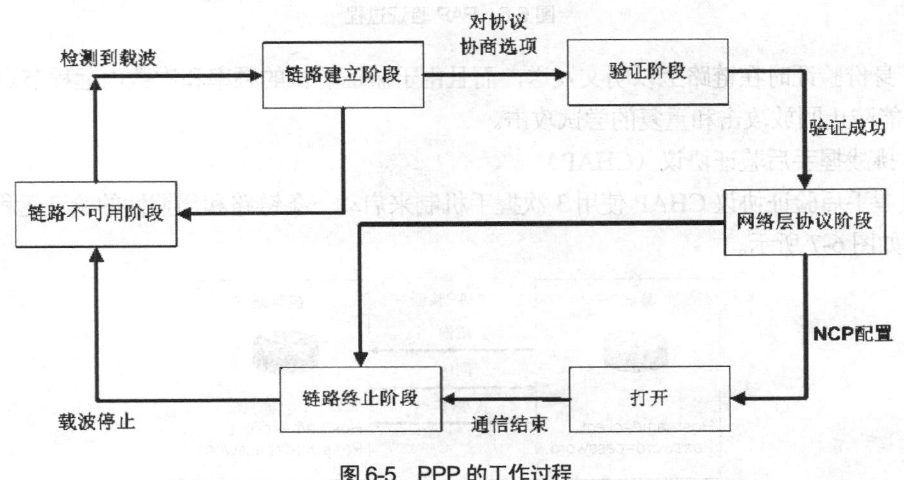

图 6-5　PPP 的工作过程

① 链路建立阶段：PPP 通信双方发送 LCP 数据包来交换配置信息，一旦配置信息交换成功，

链路即宣告建立。LCP 数据包包含一个配置选项域，该域允许设备协商配置选项，例如最大接收单元数目、特定 PPP 域的压缩和链路认证协议等。如果 LCP 数据包中不包括某个配置选项，那么将采用该配置选项的默认值。

② 链路认证阶段：LCP 负责测试链路的质量是否能承载网络层的协议。链路质量测试是 PPP 协议提供的一个可选项，也可不执行。同时，如果用户选择了认证协议，那么本阶段将完成认证过程。

③ 网络层控制协议阶段：在完成上 2 个阶段后，进入该阶段。PPP 开始使用相应的网络层控制协议配置网络层的协议，如 IP、IPX 等，配置成功后，该网络层协议就可通过这条链路发送报文了。

④ 链路终止阶段：认证失败、链路质量失败、载波丢失或管理员关闭链路后进入该阶段。此时，LCP 用交换链路终止包的方法终止链路。

2. PAP 和 CHAP 认证

默认情况下，点对点通信的两端是不进行认证的。PPP 的认证是指在建立 PPP 链路的过程中进行密码的验证，验证通过建立连接，验证不通过则拆除链路。

PPP 支持 2 种认证协议：密码认证协议（PAP）和挑战握手后验证协议（CHAP）。

（1）密码认证协议（PAP）

密码验证协议 PAP 通过 2 次握手机制，为建立远程节点的验证提供了一个简单的方法，其验证过程如图 6-6 所示。

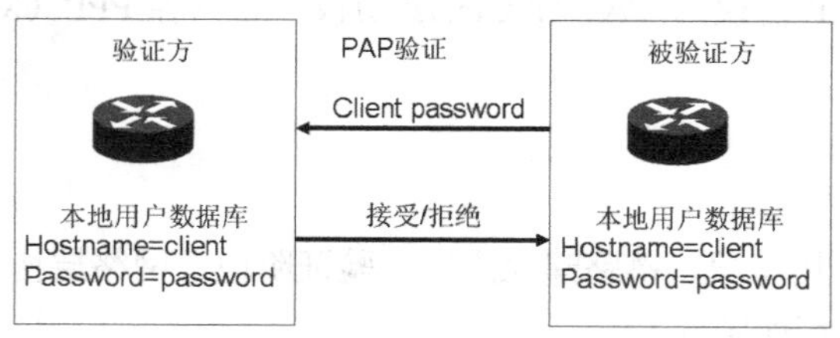

图 6-6　PAP 验证过程

PAP 身份验证时在链路上以明文发送，而且由于验证重试的频率和次数由远程节点来控制，因此，不能防止回放攻击和重复的尝试攻击。

（2）挑战握手后验证协议（CHAP）

挑战握手后验证协议 CHAP 使用 3 次握手机制来启动一条链路和周期性的验证远程节点，其验证过程如图 6-7 所示。

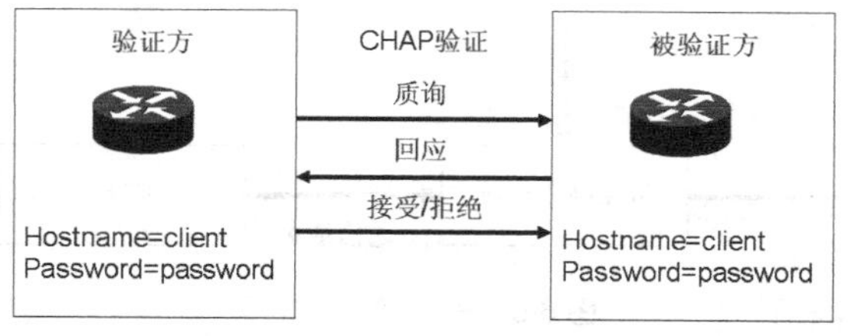

图 6-7　CHAP 验证过程

CHAP 只在网络上传送用户名而不传送口令。

3. PPP 配置命令

表 6-2 所示为 PPP 配置命令。

表 6-2　　　　PPP 配置命令

<table>
<tr><th>命令格式</th><th>解释</th><th>配置模式</th></tr>
<tr><td>ppp authentication {chap|pap|chap pap|pap chap} [callin]</td><td>服务器端，要求进行 PAP、CHAP 认证</td><td rowspan="2">接口配置模式</td></tr>
<tr><td>ppp pap sent-username username [password encryption-type password]</td><td>客户端将用户名和口令发送到对端</td></tr>
<tr><td>username name {nopassword | password { password | [0|7]</td><td>服务器端，建立本地口令数据库</td><td>全局配置模式</td></tr>
<tr><td>show interface serial</td><td>检查二层的封装，同时也可以显示 LCP 和 NCP 两者的状态</td><td rowspan="3">特权模式</td></tr>
<tr><td>debug ppp packets</td><td>观察 PPP 通信过程中的报文信息</td></tr>
<tr><td>degub ppp authentication</td><td>查看在 PPP 通信过程中授权调试信息</td></tr>
</table>

【任务实施】

实验 1　配置 PPP PAP 认证

按照拓扑结构图对路由器进行 PAP 认证，保证链路建立，并考虑其安全性，实验拓扑结构图如图 6-8 所示。

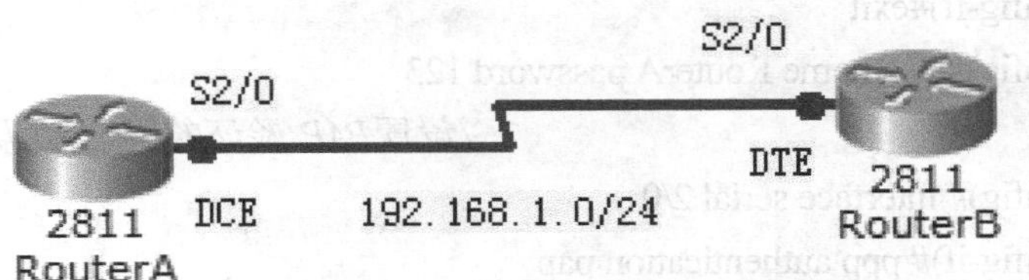

图 6-8　PAP 网络拓扑图

1. 硬件的连接

在 Packet Tracer 6.0 工作台面中添加 2 台 2811 路由器，并按实验拓扑结构进行连接。

2. 软件的设置

① 按照拓扑结构图设置路由器 RouterA 的 S2/0 IP 地址为 192.168.1.1，路由器 RouterB 的 S2/0

IP 地址为 192.168.1.2。

② 路由器其他参数自行设定。

3．路由器的基本配置

（1）RouterA 的配置

```
Router>enable
Router#config terminal
Router(config)#hostname RouterA
RouterA (config)#interface serial 2/0
RouterA (config-if)#ip address 192.168.1.1 255.255.255.0
RouterA (config-if)# clock rate 64000
RouterA (config-if)#no shutdown
RouterA (config-if)# encapsulation ppp
RouterA (config-if)# ppp pap sent-username RouterA password    0 123
                                                        /设置PAP 验证的用户名和密码
RouterA (config-if)#end
RouterA #
```

（2）RouterB 的配置

```
Router>enable
Router#config terminal
Router(config)#hostname RouterB
RouterB (config)#interface serial 2/0
RouterB (config-if)#ip address 192.168.1.2 255.255.255.0
RouterB (config-if)#no shutdown
RouterB (config-if)# encapsulation ppp
RouterB (config-if)#exit
RouterB (config)# username RouterA password 123
                                                /设置PAP 验证的用户端用户名和密码
RouterB (config)# interface serial 2/0
RouterB (config-if)# ppp authentication pap
RouterB (config-if)#end
RouterB #
```

4．验证

（1）使用 debug ppp authentication 验证配置

```
RouterB#debug ppp authentication
PPP authentication debugging is on
RouterB# config terminal
Enter configuration commands, one per line.    End with CNTL/Z.
```

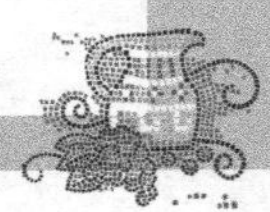


```
RouterB(config)#interface serial 2/0
RouterB(config-if)#shutdown
RouterB(config-if)#
%LINK-5-CHANGED: Interface Serial2/0, changed state to administratively down
%LINEPROTO-5-UPDOWN: Line protocol on Interface Serial2/0, changed state to down
RouterB(config-if)#no shutdown
RouterB(config-if)#
%LINK-5-CHANGED: Interface Serial2/0, changed state to up
Serial2/0 PAP: I AUTH-REQ id 17 len 15
Serial2/0 PAP: Authenticating peer
Serial2/0 PAP: Phase is FORWARDING, Attempting Forward
%LINEPROTO-5-UPDOWN: Line protocol on Interface Serial2/0, changed state to up
```

（2）测试连通性

```
RouterA#ping 192.168.1.2
Type escape sequence to abort.
Sending 5, 100-byte ICMP Echos to 192.168.1.2, timeout is 2 seconds:
!!!!!
Success rate is 100 percent (5/5), round-trip min/avg/max = 31/31/32 ms
RouterA#
```

实验 2　配置 PPP CHAP 认证

按照拓扑结构图对路由器进行 CHAP 认证，保证链路建立，并考虑其安全性，实验拓扑结构图如图 6-9 所示。

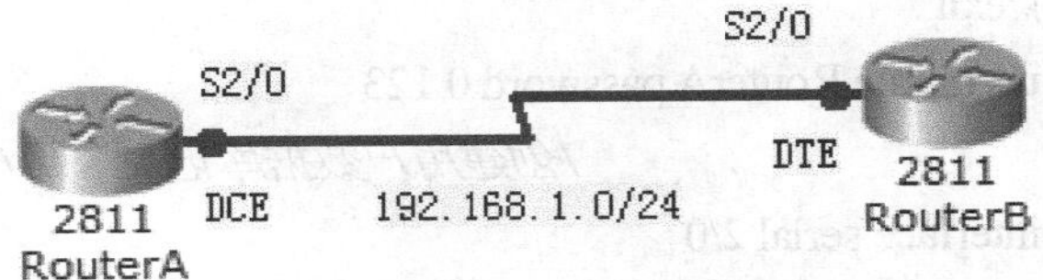

图 6-9　CHAP 网络拓扑图

1．硬件的连接

在 Packet Tracer 6.0 工作台面中添加 2 台 2811 路由器，并按实验拓扑结构进行连接。

2．软件的设置

① 按照拓扑结构图设置路由器 RouterA 的 S2/0 IP 地址为 192.168.1.1，路由器 RouterB 的 S2/0 IP 地址为 192.168.1.2。

② 路由器其他参数自行设定。

3．路由器的基本配置

（1）RouterA 的配置

Router>enable

Router#config terminal

Router(config)#hostname RouterA

RouterA (config)#interface serial 2/0

RouterA (config-if)#ip address 192.168.1.1 255.255.255.0

RouterA (config-if)# clock rate 128000

RouterA (config-if)#no shutdown

RouterA (config-if)# encapsulation ppp

RouterA (config-if)#exit

RouterA (config)# username RouterB password 0 123 */指定被验证方用户名和密码*

RouterA (config)#exit

RouterA #

（2）RouterB 的配置

Router>enable

Router#config terminal

Router(config)#hostname RouterB

RouterB (config)#interface serial 2/0

RouterB (config-if)#ip address 192.168.1.2 255.255.255.0

RouterB (config-if)#no shutdown

RouterB (config-if)# encapsulation ppp

RouterB (config-if)#exit

RouterB (config)# username RouterA password 0 123

/创建用户数据库记录（用户端用户名及密码）

RouterB (config)# interface serial 2/0

RouterB (config-if)# ppp authentication chap */配置启动 CHAP 验证*

RouterA (config)#exit

RouterA #

4．验证

（1）使用 debug ppp authentication 验证配置

RouterA#debug ppp authentication

PPP authentication debugging is on

RouterA# config terminal

Enter configuration commands, one per line.　End with CNTL/Z.

RouterA(config)#interface serial 2/0

RouterA(config-if)#shutdown

```
RouterA(config-if)#
%LINK-5-CHANGED: Interface Serial2/0, changed state to administratively down
%LINEPROTO-5-UPDOWN: Line protocol on Interface Serial2/0, changed state to down
RouterA(config-if)#no shutdown
RouterA(config-if)#
%LINK-5-CHANGED: Interface Serial2/0, changed state to up
Serial2/0 IPCP: O CONFREQ [Closed] id 1 len 10
Serial2/0 IPCP: I CONFACK [Closed] id 1 len 10
Serial2/0 IPCP: O CONFREQ [Closed] id 1 len 10
Serial2/0 IPCP: I CONFACK [REQsent] id 1 len 10
%LINEPROTO-5-UPDOWN: Line protocol on Interface Serial2/0, changed state to up
```

（2）测试连通性

```
RouterA#ping 192.168.1.2
Type escape sequence to abort.
Sending 5, 100-byte ICMP Echos to 192.168.1.2, timeout is 2 seconds:
!!!!!
Success rate is 100 percent (5/5), round-trip min/avg/max = 31/31/32 ms
RouterA#
```

【任务回顾】

1.选择题

（1）PAP 验证是发生在（　　）的验证功能。

A.物理层　　B.链路层　　C.网络层　　D.传输层

（2）在 PAP 验证过程中，敏感信息是以（　　）形式进行传送的。

A.明文　　B.加密　　C.摘要　　D.加密的摘要

（3）在 PAP 验证过程中，首先发起验证请求的是（　　）。

A.验证方　　B.被验证方

C.双方同时发出　　D.双方都不发出

（4）PPP 的 CHAP 验证为几次握手。（　　）

A.1　　B.2　　C.3　　D.4

（5）CHAP 验证中哪些说法是错误的？（　　）

A.被验方先发送验证报文

B.主验方先发送验证报文

C.验证过程中不传输验证密码

D.验证过程中不传输验证密码

（6）关于 PAP 和 CHAP，下列说法错误的是（　　）

A.CHAP 验证的主验证方向被验证方发送一些随机报文，并同时将本端的主机名附带上一起发给被验证方

B.CHAP 的验证方收到被验证方返回的数据，用本地保留的口令字和随机报文算出结果，进行比较，相同则返回 ACK ，否则返回 NAK

C.PAP 验证中，一旦被验证方收到 NAK 报文，就立刻将链路关闭

D.PAP 验证的被验证方发送用户名和口令给主验证方

2. 综合题

（1）描述 PAP 和 CHAP 协议验证过程。

（2）自行设计网络拓扑图，进行 PAP 协议的配置，实现网络互连。

（3）自行设计网络拓扑图，进行 CHAP 协议的配置，实现网络互连。

任务3　FR协议验证技术

【任务描述】

某职业学院有广州校本部和珠海校区，分别有一个局域网，分别通过一台路由器接入广域网（互联网）。学校领导要求通过在路由器上做 FR 协议的配置，实现两校区之间网络的互连。小东是学校网络中心的网络管理员，如何配置来实现这一目标呢？

本任务的目标是通过对路由器的 FR 协议配置，掌握 FR 协议的概念及配置，实现校区之间网络的互连。

【预备知识】

1. 帧中继的概念

帧中继（Frame Relay，FR）是面向连接的广域网数据交换协议，它工作在 OSI 参考模型的物理层和数据链路层上，属于典型的包交换技术。帧中继的操作与 X.25 类似，但比 X.25 更有效，普遍认为它是 X.25 的替代物。X.25 基于模拟线路，网络设施质量较差。为保证网络数据传输的可靠性，链路层的每个节点都要对收到的数据做大量的检查和处理，如差错校验等，同时还要保留原始帧的副本，直到它们收到来自下一个节点的确认消息，所以导致延迟较长，传输速率较慢。而帧中继建立在大容量、低损耗、低误码率的数字线路之上，噪音较小，它舍去了 X.25 复杂的第三层查错和重发机制，中间节点只转发帧而不回送确认帧，只是在目的节点收到一帧后才回送端到端的确认，从而加快了网络的传输速率。

2. 帧中继的工作原理

节点收到帧的目的地址后立即转发，无需等待收到整个帧并做相应的处理后再转发。如果帧在传输过程中出现差错，当节点检测到差错时，可能该帧的大部分内容已被转发到了下一个节点。这使得帧中继被归为一种“不可靠”服务，但连接两端的帧中继设备负责使帧中继成为一种可靠

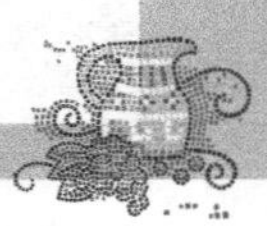

的服务，它们为帧中继执行查错和重发机制。当检测到该帧有错误时，节点立即停止转发，并发一个指示到下一个节点，下一个节点接到指示后立即终止转发，将该帧丢弃，并请求源节点重发。这种正在接收一个帧时就对其转发的方式称为“快速分组交换”。帧中继的最大带宽可达到2Mbit/s。

3．帧中继的虚电路

帧中继网络中 2 台 DTE 设备之间的连接称为“虚电路”（Virtual Circuit ，VC）；帧中继传输是基于虚电路的。根据建立虚电路的不同方式，可以将虚电路分为 2 种类型：永久虚电路（Permanent Virtual Circuit，PVC）和交换虚电路（Switched Virtual Circuit，SVC）。

永久虚电路是永久建立的链路，由 ISP 在其帧中继交换机静态配置交换表实现，不管电路两端的设备是否连接上，它总是为它保留相应的带宽。PVC 减少了与虚电路的建立和终止相联系的带宽占用，但因为需要经常性地保持虚电路有效，所以也相应地增加了费用。

交换虚电路是通过某协议协商产生的虚电路，这种虚电路根据需要动态建立，而在数据传输完成后就会断开，主要用于数据传输是偶尔发生的情况。

目前，在帧中继中使用最多的方式是永久虚电路方式。

4．帧中继地址 DLCI

帧中继协议是一种统计方式的多路复用服务，它允许在同一物理连接中共存多个逻辑连接（通常也叫作“信道”），这就是说，它在单一物理传输线路上能够提供多条虚电路。每条虚电路是用数据链路连接标识符 DLCI（Data Link Connection Identifer）来标识的。DLCI 只具有本地的意义，也就是在 DTE-DCE 之间有效，不具有端到端 DTE-DTE 之间的有效性，即在帧中继网络中，不同的物理接口上相同的 DLCI 并不表示是同一个虚连接。DLCI 的长度为 10 比特，其最大值可达 1024，因此帧中继网络用户接口上最多可支持 1024 条虚电路，其中用户可用的 DLCI 范围是16~991。由于帧中继虚电路是面向连接的，本地不同的 DLCI 连接到不同的对端设备，因此，我们可以认为 DLCI 就是 DCE 提供的“帧中继地址”。

5．静态地址映射

帧中继的地址映射是把对端设备的 IP 地址与本地的 DLCI 相关联，以使得网络层协议使用对端设备的 IP 地址能够寻址到对端设备。帧中继主要用来承载 IP，在发送 IP 报文时，根据路由表只知道提出报文的下一跳 IP 地址。发送前必须由下一跳 IP 地址确定它对应的 DLCI。这个过程通过查找帧中继地址映射表来完成，因为地址映射表中存放的是下一跳 IP 地址和 DLCI 的映射关系。地址映射表的每一项由服务商在帧中继交换机中手工配置。

6．本地管理信息 LMI

帧中继提供了一个帧中继交换机和 DTE（路由器）之间的简单信令，这个信令就是 LMI（Local Management Interface）。LMI 包括多种路由器和帧中继交换设备间的信号标准，可用来管理和维护设备间的状况。LMI 的主要目的有以下几个。

① 确定路由器知道的 PVC 的操作状态。

② 发送维持数据包，以保证 PVC 始终牌满打满算状态，不因暂时无数据发送而失效。

③ 通知路由器哪些 PVC 可以使用。

LMI 有以下 3 种类型。

① Cisco：由 Cisco 公司和另外 3 家公司组成的企业联盟定义的类型。

② ANSI：由 ANSI（美国国家标准协会）制定的标准。

③ Q933a：由 ITU-T Q.933 附录 A 制定的标准。

在帧中继交换机和路由器之间必须采用相同的 LMI 类型。通常用户在申请 PVC 时，ISP 会通知用户所使用的 LMI 类型。Cisco 路由器在 11.2 版本以后的 IOS 中具有自动检测 LMI 类型的功能。

7．配置的命令

表 6-3 所示为配置命令。

表 6-3 配置命令

命令格式	解释	配置模式
encapsulation frame-relay[ietf]	Frame Relay 封装	接口配置模式
frame-relay lmi-type {ansi | cisco | q933a}	Frame Relay LMI 类型	
frame-relay map protocol protocol-address dlci [broadcast]	映射协议地址与 DLCI	
frame-relay interface-dlci dlci [broadcast]	设置 FR DLCI 编号	
interface interface-type interface-number.subinterface-number [multipoint|point-to-point]	设置子接口	全局配置模式
show frame-relay lmi	显示 LMI 相关信息（LMI 类型、更新、状态）	特权配置模式
show frame-relay pvc	输出 PVC 信息	
show frame-relay map	显示 DLCI 编号信息和所有 FR 接口的封装	
debug frame-relay lmi	显示 LMI 交换信息	

注：

① 若使 Cisco 路由器与其他厂家路由设备相连，则使用 Internet 工程任务组（IETF）规定的帧中继封装格式；

② 从 Cisco IOS 版本 11.2 开始，软件支持本地管理接口（LMI）“自动感觉”，“自动感觉”使接口能确定交换机支持的 LMI 类型，用户可以不明确配置 LMI 接口类型；

③ broadcast 选项允许在帧中继网络上传输路由广播信息。

【任务实施】

实验 1　帧中继（Frame Relay）的配置

按照拓扑结构图进行路由器帧中继（Frame Relay）的配置，实现网络互连，帧中继网络拓扑结构图如图 6-10 所示。

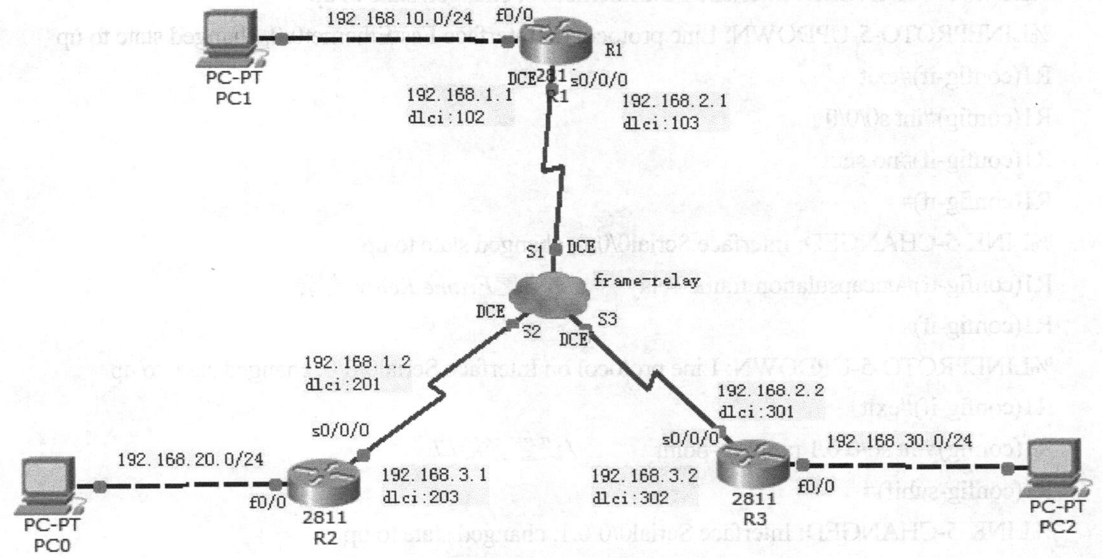

图 6-10　帧中继网络拓扑图

1．硬件的连接

在 Packet Tracer 6.0 工作台面中添加 3 台 2811 路由器和 1 个云，3 台 PC，并按实验拓扑结构进行连接。

2．软件的设置

① 将 PC0 的 IP 地址设置为 192.168.20.1/24，网关设置为 192.168.20.254；PC1 的 IP 地址设置为 192.168.10.1/24，网关设置为 192.168.10.254；PC2 的 IP 地址设置为 192.168.30.1/24，网关设置为 192.168.30.254。

② 路由器通过配置 RIPv2 路由协议，实现互连

③ 其他参数按拓扑图上面的参数设置。

3．路由器的基本配置

（1）R1 的配置

```
Router>
Router>en
Router#conf t
```

```
Enter configuration commands, one per line.   End with CNTL/Z.
Router(config)#hostname R1
R1(config)#int f0/0
R1(config-if)#ip add 192.168.10.254 255.255.255.0
R1(config-if)#no shut
R1(config-if)#
%LINK-5-CHANGED: Interface FastEthernet0/0, changed state to up
%LINEPROTO-5-UPDOWN: Line protocol on Interface FastEthernet0/0, changed state to up
R1(config-if)#exit
R1(config)#int s0/0/0
R1(config-if)#no shut
R1(config-if)#
%LINK-5-CHANGED: Interface Serial0/0/0, changed state to up
R1(config-if)#encapsulation frame-relay        /设置 Frame Relay 封装
R1(config-if)#
%LINEPROTO-5-UPDOWN: Line protocol on Interface Serial0/0/0, changed state to up
R1(config-if)#exit
R1(config)#int s0/0/0.1 point-to-point         /设置子接口
R1(config-subif)#
%LINK-5-CHANGED: Interface Serial0/0/0.1, changed state to up
%LINEPROTO-5-UPDOWN: Line protocol on Interface Serial0/0/0.1, changed state to up
R1(config-subif)#ip add 192.168.1.1 255.255.255.0      /为子接口设置 IP 地址
R1(config-subif)#no shut
R1(config-subif)#frame-relay interface-dlci 102        /配置 DLCI
R1(config-subif)#exit
R1(config)#int s0/0/0.2 point-to-point
R1(config-subif)#
%LINK-5-CHANGED: Interface Serial0/0/0.2, changed state to up
%LINEPROTO-5-UPDOWN: Line protocol on Interface Serial0/0/0.2, changed state to up
R1(config-subif)#ip add 192.168.2.1 255.255.255.0
R1(config-subif)#frame-relay interface-dlci 103
R1(config-subif)#exit
R1(config)#router rip                          /配置 RIP 路由协议
R1(config-router)#version 2                    /配置 RIP 路由协议的版本为 2
R1(config-router)#network 192.168.20.0
R1(config-router)#network 192.168.1.0
R1(config-router)#network 192.168.3.0
R1(config-router)#end
R1#
```

（2）R2 的配置

```
Router>
Router>en
Router#conf t
Enter configuration commands, one per line.   End with CNTL/Z.
Router(config)#hostname R2
R2(config)#int f0/0
R2(config-if)#ip add 192.168.20.254 255.255.255.0
R2(config-if)#no shut
R2(config-if)#
%LINK-5-CHANGED: Interface FastEthernet0/0, changed state to up
%LINEPROTO-5-UPDOWN: Line protocol on Interface FastEthernet0/0, changed state to up
R2(config-if)#exit
R2(config)#int s0/0/0
R2(config-if)#no shut
R2(config-if)#
%LINK-5-CHANGED: Interface Serial0/0/0, changed state to up
R2(config-if)#encapsulation frame-relay
R2(config-if)#
%LINEPROTO-5-UPDOWN: Line protocol on Interface Serial0/0/0, changed state to up
R2(config-if)#exit
R2(config)#int s0/0/0.1 point-to-point
R2(config-subif)#
%LINK-5-CHANGED: Interface Serial0/0/0.1, changed state to up
%LINEPROTO-5-UPDOWN: Line protocol on Interface Serial0/0/0.1, changed state to up
R2(config-subif)#ip add 192.168.1.2 255.255.255.0
R2(config-subif)#no shut
R2(config-subif)#frame-relay interface-dlci 201
R2(config-subif)#exit
R2(config)#int s0/0/0.2 point-to-point
R2(config-subif)#
%LINK-5-CHANGED: Interface Serial0/0/0.2, changed state to up
%LINEPROTO-5-UPDOWN: Line protocol on Interface Serial0/0/0.2, changed state to up
R2(config-subif)#ip add 192.168.3.1 255.255.255.0
R2(config-subif)#frame-relay interface-dlci 203
R2(config-subif)#exit
R2(config)#router rip
R2(config-router)#version 2
R2(config-router)#network 192.168.20.0
```

```
R2(config-router)#network 192.168.1.0
R2(config-router)#network 192.168.3.0
R2(config-router)#end
R2#
```

（3）R3 的配置

```
Router>
Router>en
Router#conf t
Enter configuration commands, one per line.   End with CNTL/Z.
Router(config)#hostname R3
R3(config)#int f0/0
R3(config-if)#ip add 192.168.30.254 255.255.255.0
R3(config-if)#no shut
R3(config-if)#
%LINK-5-CHANGED: Interface FastEthernet0/0, changed state to up
%LINEPROTO-5-UPDOWN: Line protocol on Interface FastEthernet0/0, changed state to up
R3(config-if)#exit
R3(config)#int s0/0/0
R3(config-if)#no shut
R3(config-if)#
%LINK-5-CHANGED: Interface Serial0/0/0, changed state to up
R3(config-if)#encapsulation frame-relay
R3(config-if)#
%LINEPROTO-5-UPDOWN: Line protocol on Interface Serial0/0/0, changed state to up
R3(config-if)#exit
R3(config)#int s0/0/0.1 point-to-point
R3(config-subif)#
%LINK-5-CHANGED: Interface Serial0/0/0.1, changed state to up
%LINEPROTO-5-UPDOWN: Line protocol on Interface Serial0/0/0.1, changed state to up
R3(config-subif)#ip add 192.168.2.2 255.255.255.0
R3(config-subif)#no shut
R3(config-subif)#frame-relay interface-dlci 301
R3(config-subif)#exit
R3(config)#int s0/0/0.2 point-to-point
R3(config-subif)#
%LINK-5-CHANGED: Interface Serial0/0/0.2, changed state to up
%LINEPROTO-5-UPDOWN: Line protocol on Interface Serial0/0/0.2, changed state to up
R3(config-subif)#ip add 192.168.3.2 255.255.255.0
R3(config-subif)#frame-relay interface-dlci302
```

```
R3(config-subif)#exit
R3(config)#router rip
R3(config-router)#version 2
R3(config-router)#network 192.168.20.0
R3(config-router)#network 192.168.1.0
R3(config-router)#network 192.168.3.0
R3(config-router)#end
R3#
```

4．云的配置

（1）进入 Serial1、Serial2、Serial3 端口配置

①Serial1 端口，添加 DLCI:102　Name:1-2 和 DLCI:103　Name:1-3；

②Serial2 端口，添加 DLCI:201　Name:2-1 和 DLCI:203　Name:2-3；

③Serial3 端口，添加 DLCI:301　Name:3-1 和 DLCI:302　Name:3-2；

（2）配置 Frame Relay

按要求进行添加设置，如图 6-11 所示。

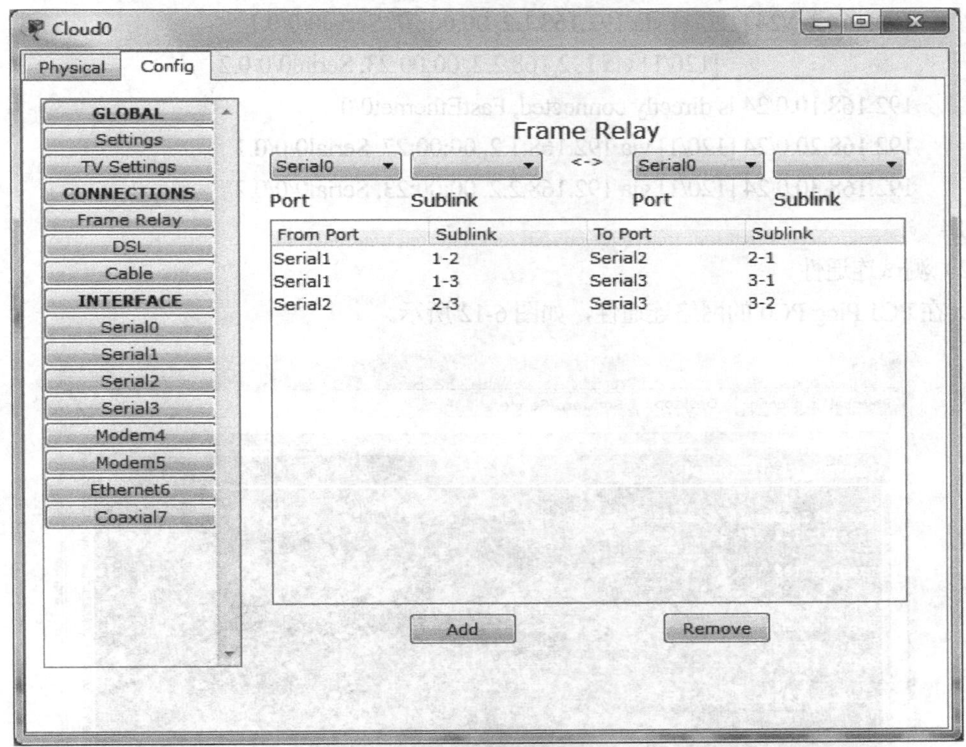

图 6-11　Frame Relay 的配置

5. 验证

（1）查看 R1 路由器路由表信息

```
R1#show ip route
Codes: C - connected, S - static, I - IGRP, R - RIP, M - mobile, B - BGP
       D - EIGRP, EX - EIGRP external, O - OSPF, IA - OSPF inter area
       N1 - OSPF NSSA external type 1, N2 - OSPF NSSA external type 2
       E1 - OSPF external type 1, E2 - OSPF external type 2, E - EGP
       i - IS-IS, L1 - IS-IS level-1, L2 - IS-IS level-2, ia - IS-IS inter area
       * - candidate default, U - per-user static route, o - ODR
       P - periodic downloaded static route

Gateway of last resort is not set

C      192.168.1.0/24 is directly connected, Serial0/0/0.1
C      192.168.2.0/24 is directly connected, Serial0/0/0.2
R      192.168.3.0/24 [120/1] via 192.168.1.2, 00:00:27, Serial0/0/0.1
                      [120/1] via 192.168.2.2, 00:00:23, Serial0/0/0.2
C      192.168.10.0/24 is directly connected, FastEthernet0/0
R      192.168.20.0/24 [120/1] via 192.168.1.2, 00:00:27, Serial0/0/0.1
R      192.168.30.0/24 [120/1] via 192.168.2.2, 00:00:23, Serial0/0/0.2
R1#
```

（2）测试连通性

① 在 PC1 Ping PC0 的网络连通性，如图 6-12 所示。

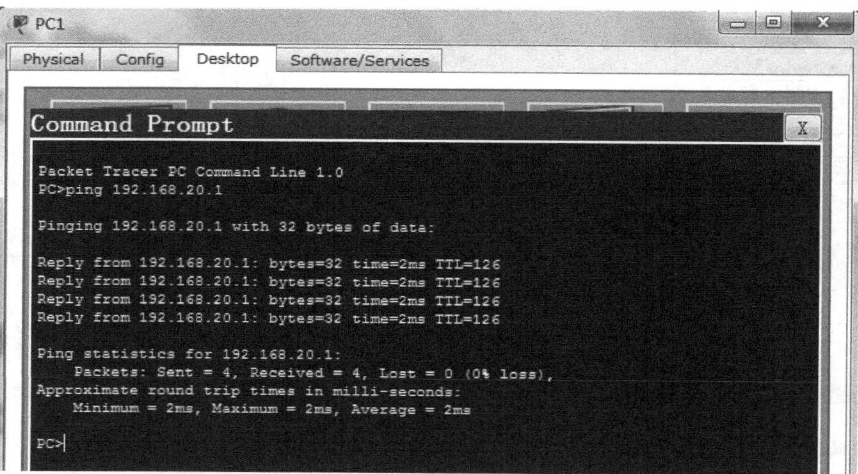

图 6-12　验证 PC1 到 PC0 的连通性

② 在 PC1PingPC2 的网络连通性，如图 6-13 所示。

PC1

Physical　Config　Desktop　Software/Services

Command Prompt

```
PC>
PC>ping 192.168.30.1

Pinging 192.168.30.1 with 32 bytes of data:

Reply from 192.168.30.1: bytes=32 time=17ms TTL=126
Reply from 192.168.30.1: bytes=32 time=2ms TTL=126
Reply from 192.168.30.1: bytes=32 time=2ms TTL=126
Reply from 192.168.30.1: bytes=32 time=10ms TTL=126

Ping statistics for 192.168.30.1:
    Packets: Sent = 4, Received = 4, Lost = 0 (0% loss),
Approximate round trip times in milli-seconds:
    Minimum = 2ms, Maximum = 17ms, Average = 7ms

PC>
```

图 6-13　验证 PC1 到 PC2 的连通性

【任务回顾】

1．选择题

（1）帧中继采用(　　)作为交换方式。

A.路由　　B.电路交换　　C.快速交换　　D.分组交换

（2）以下属于广域网协议链路层协议的有(　　)。

A.OSPF　　B.Frame Relay　　C.Ethernet II　　D.Ethernet SNAP

（3）下面关于 Frame Relay 描述正确的有(　　)。

A.点到点的连接方式

B.允许用户在传输数据时不会有的突发量

C.是在 X.25 基础上发展起来的

D.速率一般选择为 256Kbit/s-2.048Mbit/s

（4）目前帧中继网络中常用的是帧中继的(　　)业务。

A.DLCI　　B.SVC　　C.PVC　　D. LMI

（5）以下关于帧中继的说法中，不正确的是(　　)。

A.基于虚电路　　B.带宽统计复用

C.具有确认重传机制　　D.是一种快速分组交换机制

（6）下列关于 DLCI 叙述不正确的是(　　)。

A.DLCI 本地接口有效　　B.DLCI 是由 DCE 侧分配的

C.不同的物理接口可以配置相同的 DLCI　　D.用户可用的 DLCI 范围是 1～1007

（7）下列不是帧中继中 LMI 协议的功能的是(　　)。

A.维护链路状态　　B.维护 PVC 的状态

C.通知 PVC 的增加　　D.路由寻址

（8）假如一个 Cisco Frame Relay 路由替换了一个正在运行的不同厂商的 Fram Relay 路由。中心和远程站点连通性现在是关闭的。什么原因引起这个问题？(　　)

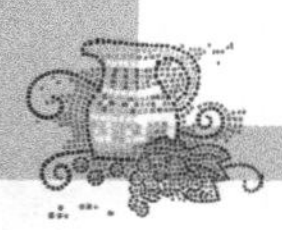

A.错配 LMI 类型　　B.错配封装类型
C.错配 IP 地址映射`　　D.错配 DLCI

2．综合题

（1）帧中继网络如何传输 IP 数据包？

（2）帧中继的 DLCI 有什么作用？如何查询 DLCI？

（3）帧中继的 MAP 是如何得到的呢？

（4）自行设计网络图，进行帧中继的配置，实现网络互连。

附录一

Packet Tracer 简介

Packet Tracer 是由 Cisco 公司发布的一个辅助学习工具，为希望掌握 Cisco 网络设备使用的网络初学者去设计、配置、排除网络故障提供了网络模拟环境。使用者可以在软件的图形用户界面上直接使用拖曳方法建立网络拓扑，模拟配置网络设备；并可提供数据包在网络中行进的详细处理过程，观察网络实时运行情况。虽然这款软件中的设备和命令只针对 Cisco 网络设备，但是学习者可以举一反三，这对学习和掌握其他品牌的网络设备同样有很大的帮助。

1. Packet Tracer 软件的安装

Packet Tracer 是一款免费软件，可以在思科的官网（www.cisco.com）下载,也可以通过搜索引擎搜索到程序安装包，目前较新的版本是 6.0。

双击执行 Packet Tracer 安装程序，根据提示，一步步完成软件的安装。

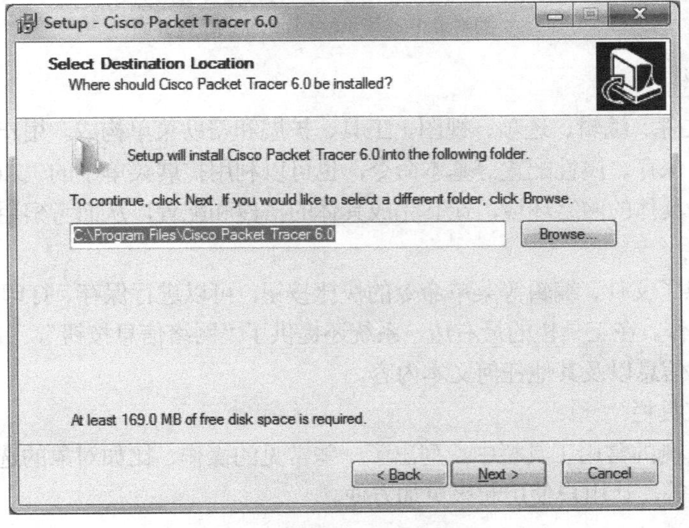

图附录 1-1　设置程序的安装路径

安装完成以后，在桌面上双击“Cisco Packet Tracer”图标或者单击“开始”，执行“程序”菜单中的“Cisco Packet Tracer”，启动程序。

2. 认识 Packet Tracer 的工作界面

启动界面出现后，系统直接进入图附录 1-2 所示的工作界面。

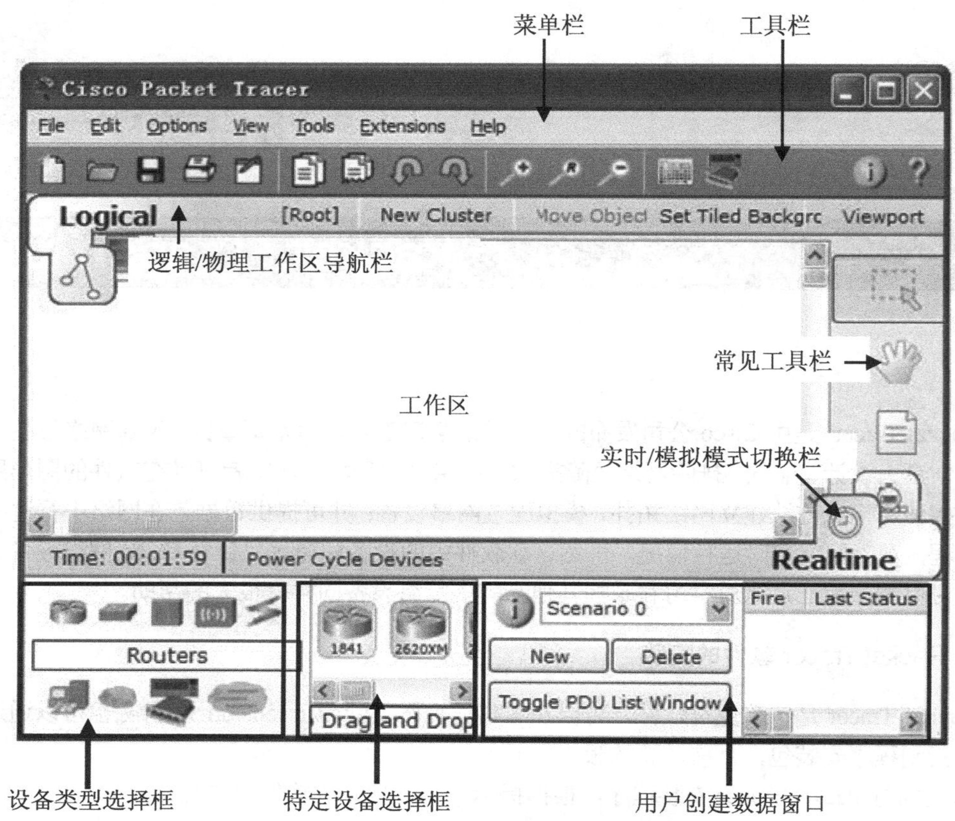

图附录 1-2　Packet Tracer 的工作界面

（1）菜单栏

菜单栏由文件、编辑、选项、视图、工具、扩展和帮助菜单构成。用户既可以在这些菜单中使用诸如打开、保存、属性配置等基本命令，也可以利用扩展菜单中的“Activity Wizard”，为其他用户搭建一个具体的网络环境，让其完成具体的搭建和配置，从而考察用户的技能掌握情况。

（2）工具栏

工具栏提供了文件、编辑等菜单命令的快捷按钮，可以进行保存、打印、复制、粘贴、撤销、重做、缩放等操作。在工具栏的最右边，系统还提供了“网络信息按钮”，用户可以输入用来描述当前创建网络的信息以及其他任何文本内容。

（3）常用工具栏

系统在最右侧的常用工具栏中，列出了一些常见的操作，比如对象的选择、移动、删除，创建文本框，查看等，让用户使用起来更加方便。

（4）工作区

工作区是用户创建网络、配置网络的主要区域，还可以在此查看各种信息和统计。

（5）实时/模拟模式切换栏

Packet Tracer 提供了两种模式，即实时模式和模拟模式。实时模式也就是真实模式，即所有操作的效果和真实的环境是一致的。例如，Ping 测试是瞬间完成的，这就是实时模式；而模拟模式下，会模拟 Ping 测试的过程，逐步显示，便于用户学习和理解。

（6）设备类型选择框和特定设备选择框

这是创建网络时必须进行选择的内容，在设备类型选择框中可以选择要拖放在工作区的网络设备的类型。可以选择的类型有路由器、交换机、集线器、无线网络设备、线缆、各种终端设备和广域网设备等。单击某一类型后，在其右边的特定设备选择框中会出现具体的该类型的 Cisco 设备的型号。比如单击交换机按钮后，在右侧显示各种 Cisco 交换机的具体设备，如 2950-24、2950T、2960 等，也允许拖放一个虚拟的通用设备。

（7）用户创建数据包窗口

在此区域，用户可以查看数据包在网络中模拟时的更多信息。

3．设备管理

在 Packet Tracer 最左下方的设备类型选择框中列出了该软件支持的设备类型，从左至右，从上往下依次是路由器、交换机、集线器、无线设备、各种线缆、终端设备、仿真广域网和 Custom Made Devices（自定义设备）等。其中，比较常见的是 PC、交换机的管理和线缆的选择，而路由器和交换机类似。

（1）PC 的管理

在设备类型选择框单击 ，在特定设备选择框中选择第一项“PC-PT”，将其拖放到工作区。双击该设备，进入 PC 的管理界面，如图附录 1-3 所示。系统同类型的设备编号默认从“0”开始的，所以该 PC 的默认名称为“PC0”。

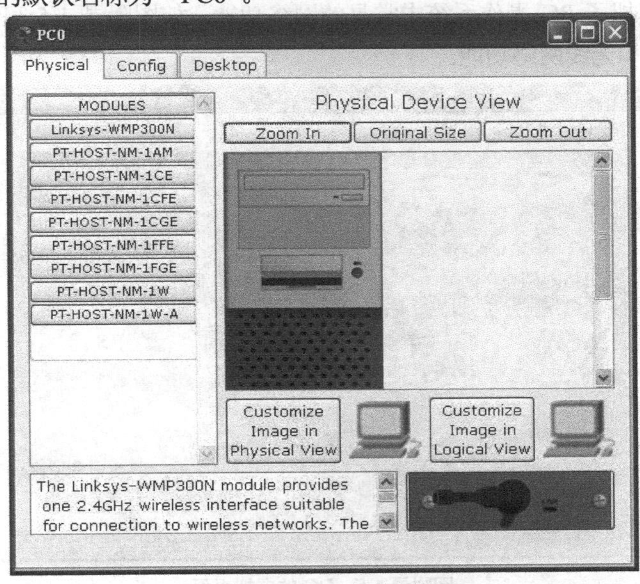

图附录 1-3 PC 的管理界面

在 PC 的管理界面有 3 个选项卡，分别是“Physical”（物理），“Config”（配置）和“Desktop”（桌面）。

“Physical”选项卡中，用户可以更改该设备拥有的网络模块，支持的模块有无线网卡模块、RJ11-Moden 模块、以太网网卡、快速以太网网卡和光纤模块等。更改时，首先在模拟的计算机面板上关闭电源按钮，将面板下放的已有的网络模块移走，再从下方将已选择的添加的网络模块拖放至面板下方的空留位置，即完成模块的更改。

“Config”选项卡中，用户可以修改该设备的基本的配置，如图附录 1-4 所示。单击左侧的“GLOBAL”，可以进行 PC 的全局性的设置，比如修改 PC 的默认名称，设置 PC 的网关和 DNS 等。“INTERFACE”中列出了这台 PC 的现有网络接口，选择后可以进行该网络接口的设置，比如 IP 地址、子网掩码等。

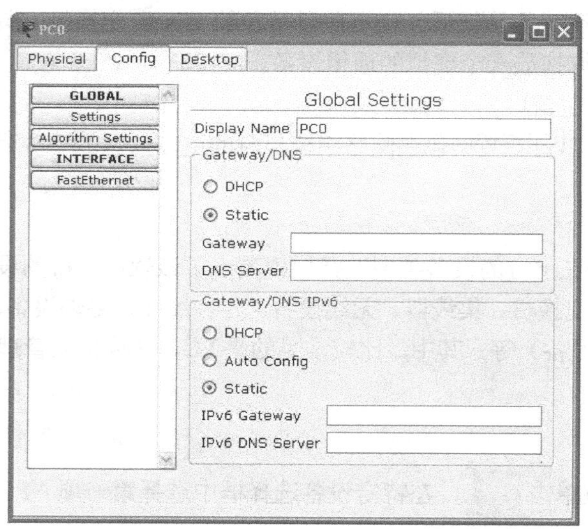

图附录 1-4　PC 的全局参数的设置

“Desktop”中模拟了 PC 操作系统中常见的网络功能，如图附录 1-5 可以进行拨号、终端、命令行、Web 浏览器和无线网络功能。

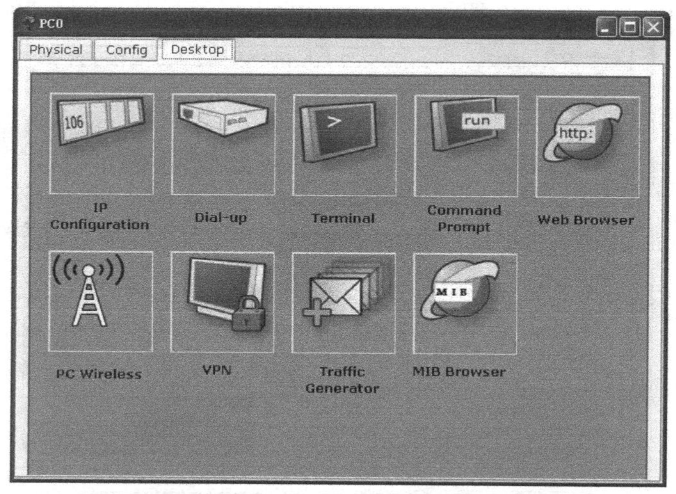

图附录 1-5　PC 的虚拟桌面

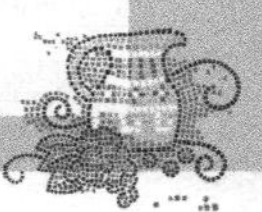

（2）交换机的管理

在工作区放置交换机的图标后，双击进入交换机的管理界面，与 PC 类似，也有 3 个选项卡，但由于交换机没有虚拟的桌面的网络功能，但是具有特有的 IOS，所以第三个选项卡被换成了“CLI”（命令行界面）。在“Physical”中，用户可以更改交换机的硬件，为交换机添加或者删除不同的网络接口。在“Config”中，除了修改名称等一些常见的配置外，还可以单击“SWITCH”，再点击其下方出现的“VLAN Database”，这时在右侧允许为该交换机添加和删除 vlan。选择“INTERFACE”，由于这台交换机是一台 24 口的快速以太网交换机，因此逐步列出了 24 个快速以太网的网络接口，编号从 0/1 至 0/24，点击就可以查看某一个网络接口的具体信息。

为了方便操作，Packet Tracer 允许用户通过此处的“CLI”选项卡进入命令行界面，用户可以在此输入各种命令，完成对交换机的各项配置。

（3）线缆的选择

在 Packet Tracer 的设备类型选择框单击，在其右侧出现支持的线缆的类型，具体图标及作用如下。

表 f1.1　　Packet Tracer 中支持的线缆选择

图标	线缆	作用
	自适应选择线缆	系统能根据两端设备自己调整线缆的类型
	Console 配置线缆	用来连接设备的 console 端口与计算机的 RS232 串口
	铜质直通线缆	用来连接交换机与计算机、交换机与路由器等不同设备之间的普通 RJ45 端口
	铜质交叉线缆	用来连接交换机与交换机、计算机与计算机等相同设备之间的普通 RJ45 端口
	光纤	用来实现光缆端口之间的连接
	电话线缆	实现语音电话模块的连接
	同轴电缆	实现 BNC、AUI 等同轴电缆端口之间的连接
	串行 DCE 线缆	用来连接两台路由器的串行端口，当选择该项时，先连接这根线缆的路由器端口为 DCE 端，需要对其配置时钟频率。
	串行 DTE 线缆	用来连接两台路由器的串行端口，当选择该项时，可以对任意一端的路由器的串口配置时钟频率，配置后，即为 DCE 端
	八爪鱼线	用来连接管理多台设备进行配置管理

4．应用举例 1　创建一个简单的网络拓扑

熟悉了 Packet Tracer 的工作界面后，我们就可以创建一个最简单的网络拓扑，该网络拓扑如图附录 1-6 所示。

图附录 1-6　一个简单的网络拓扑

（1）新建 Packet Tracer 文档

启动程序后，程序会默认新建一个 Packet Tracer 文档，也可以执行“File”菜单的“New”命令另外新建一个文档。

（2）拖放网络设备

在左下方的设备类型选择框中，单击图标，即选中终端设备类型。在右侧的特定设备选择框中，选中第一个图标，即普通的 PC，将其拖动到工作区，完成第一台 PC 的放置，使用同样的方法再放置一台 PC。

（3）连接设备

在设备类型选择框中，单击，选中线缆类型，在右侧出现的特定设备选择框中，选中交叉线图标。在 PC 上单击鼠标左键，在弹出的菜单中，选择 FastEthernet，单击，移动鼠标到另一台 PC 上，点击左键，仍旧选择 FastEthernet，如图附录 1-7。完成两台 PC 的设备连接。

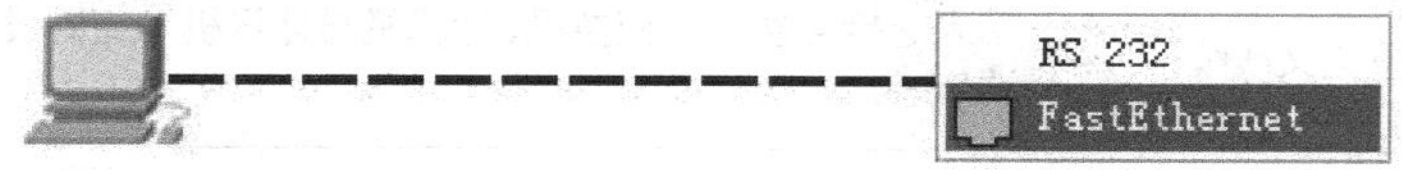

图附录 1-7　选择 PC 的端口

（4）设置显示选项

在菜单栏中，执行“Options”菜单中的“Preferences”命令，出现如图附录 1-8 所示的“Options”对话框。在“Interface”选项卡中，去掉“Show Link Lights”，选中“Hide Device Label”、“Port Labels Always Shown”，意为不显示连接指示灯，隐藏设备标签，显示端口标签，其余为默认。

（5）为设备添加文本标签

在右侧的常用工具栏中，单击图标，在工作区需要放置文本的地方单击，输入 PC 的显示名称和 IP 地址等文本内容。

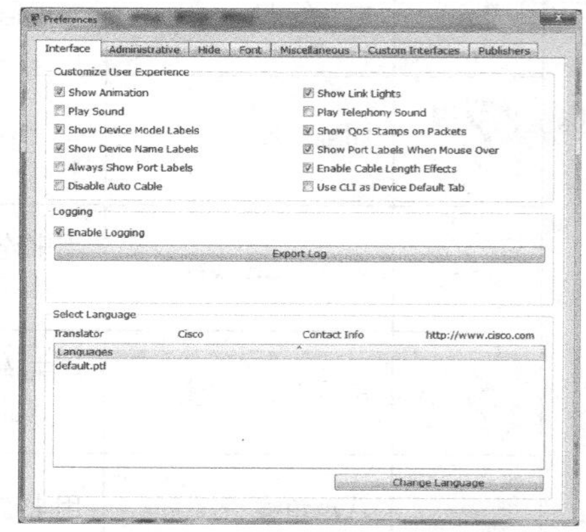

图附录 1-8　“Options”对话框

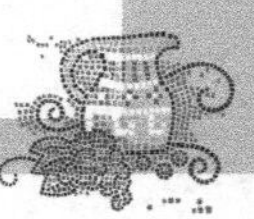

（6）配置 PC 的 IP 地址和子网掩码

在工作区，双击 PC 图标，出现 PC1 的配置对话框，进入“Desktop”选项卡，单击“IP Configuration”，分别输入 PC1 的 IP 地址和子网掩码，如图附录 1-9 所示。用同样的方法，完成 PC2 的 IP 的配置。

图附录 1-9 PC 的 IP 地址的配置

（7）保存该文档

全部完成配置后，单击菜单栏中的“File”→“Save”或者单击工具栏中的保存按钮执行文档的保存。Packet Tracer 软件保存的文件后缀名为“. pkt”。

5. 应用举例 2 一个复杂的网络拓扑

下面我们以图附录 1-10 为例，详细描述如何使用 Packet Tracer 为设备配置相应的模块，搭建一个网络拓扑。

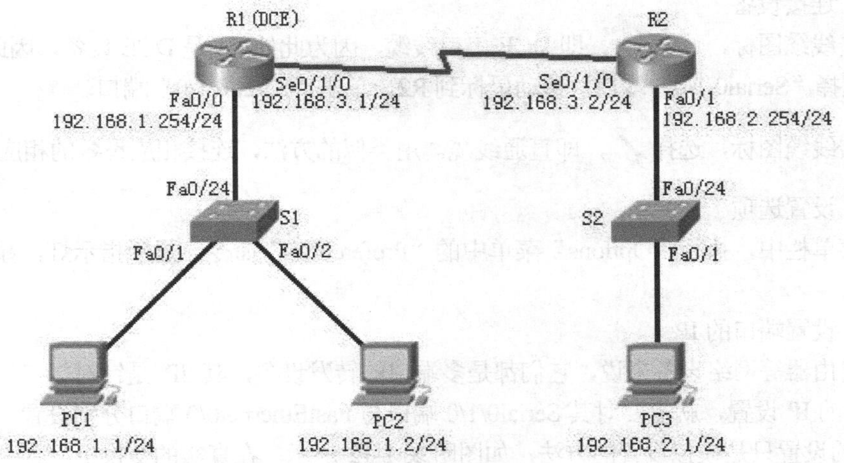

图附录 1-10 一个复杂的网络拓扑模型

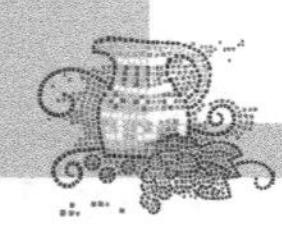

（1）拖放设备并添加网络模块

单击设备类型选择框中左边第一个路由器的图标，选择 1841 路由器，将其拖放到工作区。双击该图标，进入“Physical”选项卡，关闭电源，单击左侧的“WIC-2T”，如图附录 1-11，该模块为串行网络模块，可以用来接入串行线缆，从而实现路由器与路由器之间的连接。从下方将模块的图标拖至设备的模块放置处，修改设备显示名称为“R1”，重启电源。用同样的方法，放置 R2，并完成 R2 网络模块的添加。

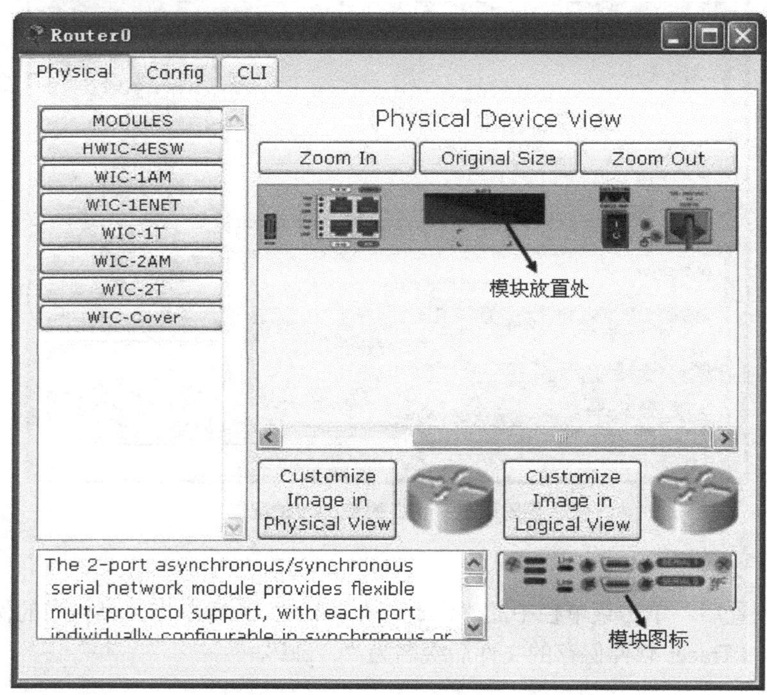

图附录 1-11　添加路由器的串口模块

单击设备类型选择框中的交换机，选择 2950-T，拖动 2 台到工作区的相应位置，将名称分别修改为“S1”，“S2”。用类似的方法放置 3 台 PC，将显示名称命名为“PC1”、“PC2”、“PC3”。

（2）连接设备

单击线缆图标，选择⚡，即 DCE 串口线缆，因为此处 R1 是 DCE 设备，因此首先在 R1 上单击，选择“Serial0/1/0”端口，移动鼠标到 R2，单击“Serial0/1/0”端口。

单击线缆图标，选择╱，即直通线缆。用类似的方法，连接相应设备的相应的端口。

（3）设置选项

在菜单栏中，执行“Options”菜单中的“Preferences”命令，显示指示灯，显示端口，隐藏标签。

（4）设置端口的 IP

对路由器等网络设备来说，它们都是多端口的转发设备，其 IP 是针对端口设置的，比如此处路由器的 IP 设置，就需要对其 Serial0/1/0 端口与 FastEthernet0/0 端口分别设置。当然，此处路由器 IP 的设置只是模拟设置的方法，如图附录 1-12 所示。在真实的交换机配置中，我们是通过输入 CLI 命令来实现的。

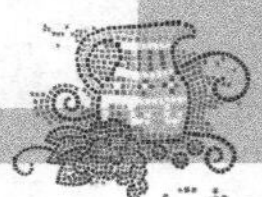

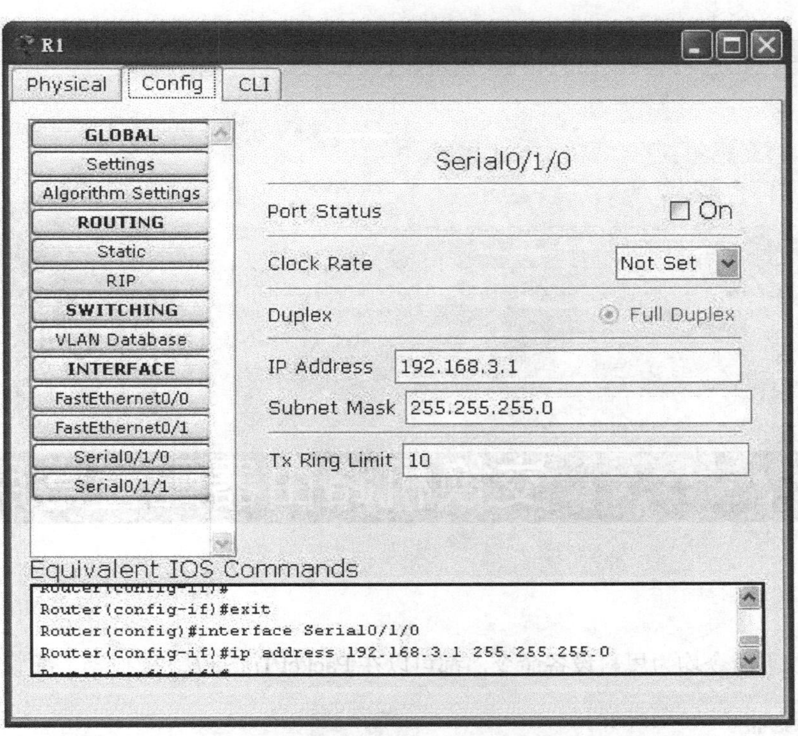

图附录 1-12 路由器的 Serial 口的 IP 设置

双击 PC 的图标，进入 PC“Desktop”选项卡，单击“IP Configure”，设置 PC 的 IP 地址。

（5）添加标签及说明

最后，使用文本标签工具，在图附录 1-10 中相应的位置，标明设备的名称和端口的 IP 地址。

附录二

交换机路由器配置常用命令

说明：以下命令均为思科设备命令，都可以在 Packet Tracer 6.0 模拟器上配置。

1．access-list

①命令格式：router(config)#access-list *access-list-number* {deny | permit} {source [source-wildcard-mask] | any}

功能：创建标准的访问控制列表。*access-list-number* 是访问控制列表的序号，取值 1～99 之间的整数。参数 source 指明了控制列表规则应用的源 IP 地址。deny 说明拒绝，而 permit 说明允许，source-wildcard-mask 是源地址的通配符掩码。如果在末尾加上参数 any，说明此时所有地址都是匹配的。

应用示例：//创建并配置访问控制列表 1，拒绝来自 IP 地址 12. 1. 1. 1 的数据。

Router(config)#access-list 1 deny 12.1.1.1 0.0.0.0

//允许所有的 IP 地址，因为路由器访问控制列表的最后默认隐含了一条 deny any 的规则，如果不加上此项，则所有的 IP 地址都会被拒绝。

Router(config)#access-list 1 permint any

②命令格式：router(config)#access-list *access-list-number* {deny | permit} *protocol* source source-wildcard destination destination-wildcard

功能：创建并配置扩展的访问控制列表。*access-list-number* 取值 100～199 之间的整数。deny 说明拒绝，而 permit 说明允许。*protocol* 指明将要使用的协议，如 TCP、UDP 和 ICMP。后面接明确的源地址和目的地址，也可以使用 any。

应用示例：//创建并配置访问控制列表 100，拒绝来自主机 12. 1. 1. 1 到 23. 1. 1. 3 的 telnet 流量。允许其他所有的流量通过。

Router(config)#access-list 100 deny tcp host 12.1.1.1 host 23.1.1.3 eq telnet

Router(config)#access-list 100 permit ip any any

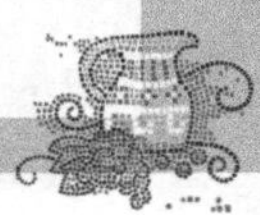

2．auto-summary

命令格式：router(config)# auto-summary

Router(config)# no auto-summary

功能：启用(或关闭)路由协议的自动汇总功能。在 RIPv2 和 EIGRP 上该功能默认是开启的，而 OSPF 上该功能默认是关闭的。

3．clock rate

命令格式：router(config-if)#clock rate *speed*

功能：设置路由器串口的时钟频率，单位为 bit/s。

应用示例：//设置路由器当前串行端口的时钟频率为 64000bit/s。

Router(config-if)#clock rate 64000

4．channel-group

命令格式：switch(config-if)#channel-group *channel-group-number* mode {on | active | passive | desirable | auto }

功能：将该端口加入到某个端口聚合组中。

channel-group-number 为端口聚合组的编号，可以取值 1~16。

on 仅启用该 channel-group。

active 以链路汇聚控制协议（LACP）的主动模式启动。

passive 以链路汇聚控制协议的被动模式启动。

desirable 以端口聚集协议（PAGP）的主动工作模式启动。

auto 以端口聚集协议的被动工作模式启动。

应用示例：//将该端口加入 1 号聚合组/。

Switch(config-if)#channel-group 1 mode on

5．configure terminal

命令格式：switch#configure terminal

功能：进入交换机/路由器的全局配置模式。

6．copy

命令格式：switch#copy source-file destination-file

功能：复制。

应用示例：//将当前配置文件复制至启动加载文件，以便下次交换机启动时执行。

Switch#copy running-config startup-config

7．default-router

命令格式：router(dhcp-config)# default-router *address* [*address2* ……*address8*]

功能：与路由器的 DHCP 配置有关的命令，为 DHCP 客户指定缺省的默认路由器 IP，即 PC 中的网关，最多设置 8 个地址。

应用示例：//为 DHCP 客户指定 PC 的网关为 192.168.1.254
Router(dhcp-config)# default-router 192.168.1.254

8．dns-server

命令格式：router(dhcp-config)#dns-server *address [address2.....address8]*
功能：与路由器的 DHCP 配置有关的命令，为该地址池的 DHCP 客户指定 DNS 服务器的 IP，最多设置 8 个地址。

9．domain-name

命令格式：router(dhcp-config)# domain-name *domain-name*
功能：与路由器的 DHCP 配置有关的命令，为该地址池的 DHCP 客户指定域的后缀。

10．enable

命令格式：switch> enable
功能：进入交换机/路由器的特权用户模式。

11．enable secret

命令格式：switch(config)# enable secret *password*
功能：设置 enable 特权用户密码，密码在配置文件中以加密字符显示。
应用示例：//设置 enable 特权用户的加密密码为 cisco。
Switch(config)#enable secret cisco

12．enable password

命令格式：switch(config)# enable password *{level level-number}password*
功能：设置 enable 特权用户密码，密码在配置文件中以明文显示。*level-number* 为密码的优先级的编号，可以取值 1～15 的任何数字，其中，1 的优先级最低，15 的优先级最高。
应用示例：//将 enable 特权用户的明文密码设置为 cisco，优先级别为 1。
Switch(config)# enable password level 1 cisco
//将 enable 特权用户的明文密码设置为 cisco，优先级别为 15。
Switch(config)# enable password level 15 cisco15

13．exit

命令格式：switch(config-if)#exit
功能：由当前命令模式退出至上一级模式。

14．hostname

命令格式：switch(config)# hostname *hostname*
功能：设置交换机/路由器的主机名。
示例：switch(config)#hostname SW1　//将交换机 switch 的主机名改为 SW1。

15. interface

命令格式：switch(config)#interface *interface-type interface-id*

功能：进入端口配置模式。

应用示例：//进入快速以太网端口 1 号端口的配置模式。

Switch(config)#interface fastenternet 0/1

16. interface range

命令格式：switch(config)#interface range *interface-number-range*

功能：进入交换机 vlan 接口配置模式，即配置一组端口。*interface-number-range* 为端口的范围区间。

应用示例：//配置端口 fa0/1 至 fa0/5 端口。

Switch(config)#interface range fa0/1-5

Switch(config-if-range)#

17. interface vlan

命令格式：switch(config)#interface vlan *vlan-number*

功能：进入交换机 vlan 接口配置模式，*vlan-number* 为 vlan 号。

应用示例：//进入交换机的 vlan 1 的配置模式。

Switch(config)#interface vlan 1

18. interface loopback

命令格式：switch(config)#interface loopback *loopback-number*

功能：进入路由器本地环回接口（Lookback）的配置模式。Loopback 接口是应用最广泛的一种虚拟接口。

19. ip access-group

命令格式：Router(config-if)#ip access-group *access-list-number* {in | out}

功能：在当前接口下调用访问控制列表，针对的是从当前端口进入路由器 Router 的流量。

应用示例：//在当前接口下调用访问控制列表 100，针对从当前端口进入路由器 R1 的流量。

R1(config-if)# ip access-group 100 in

20. ip address/no ip address

命令格式：switch(config-if)#ip address *ip-address subnet-mask*

功能：设置或清空交换机当前端口或管理 vlan 的 IP 地址与子网掩码。

应用示例：//设置端口的 IP 地址为 192. 168. 1. 1，子网掩码为 255. 255. 255. 0。

Switch(config-if)#ip address 192.168.1.1 255.255.255.0

21. ip dhcp

①命令格式：Router(config)#ip dhcp *pool name*

功能：创建 DHCP 地址池，地址池名称为 *pool name*。

②命令格式：Router(config)#ip dhcp excluded-address *ip-address* [*end-ip-address*]

功能：保留 DHCP 的 IP 地址，这些地址不会被分配给 DHCP 客户机。

应用示例：//地址池中的 192. 168. 1. 200 至 192. 168. 1. 254 之间的 IP 不能被动态分配。

R1(dhcp-config)#ip dhcp excluded-address 192.168.1.200 192.168.1.254

22. ip http server

命令格式：router(config)#ip http server

功能：开启路由器的页面管理功能。

23. ip nat

① 命令格式：router(config-if)#ip nat {outside | inside}

功能：将当前端口设置成 NAT 的对外/对内接口。

② 命令格式：router(config)#ip nat {inside | outside} destination list *access-list-number* pool *pool-name*

功能：启用 NAT 内部/外部目标地址转换。转换的方向为将 *access-list-number* 中的地址转变成 *pool-name* 中的地址。其中，*access-list-number* 为访问控制列表的表号，指定由哪个访问控制列表来定义目标地址的规则。*pool-name* 为 IP 地址池名字，定义了用于 NAT 转换的内部本地地址。

应用示例：//将 list 1 的地址转变成为地址池 np 中的地址。

Router(config)#ip nat inside destination list 1 pool np

③ 命令格式：router(config)#ip nat{inside | outside} source list *access-list-number*{ pool *pool-name* | interface *interface-id* } [overload]

功能：启用内部/外部源地址转换的动态 NAT。转换的方向为将 *access-list-number* 中的地址转变成 *pool-name* 中的地址。其中，*access-list-number* 为访问控制列表的表号，指定由哪个访问控制列表来定义目标地址的规则。*pool-name* 为 IP 地址池名字，定义了用于 NAT 转换的内部全局地址。*interface-id* 为接口号，指定用该接口的 IP 地址作为内部全局地址。overload 启用端口复用，使每个全局地址可以和多个本地地址建立映射。

应用示例：//NAT 内部源地址转换，所有由 list 1 定义的本地地址都会转变成为内部全局地址 s0/1 的 IP 地址。

Router(config)#ip nat inside source list 1 interface s0/1 overload

④ 命令格式：router(config)#ip nat{inside | outside} source static *local-address global-address* [permit-inside]或者 router(config)#ip nat {inside | outside} source static *protocol local-address local-port global-address global-port* [permit-inside]

功能：启用内部/外部源地址转换的静态 NAT。前者是一对一的 NAT 映射，后者实现一个全局地址映射多个内部地址，用端口号区分各个映射。*local-address* 是内部本地地址，一般是内部的私有地址。*global-address* 是内部全局地址，即内部网络在外部网络表现出来的地址，一般是公网地址。*protocol* 协议可以是 TCP 或者 UDP。*local-port* 为本地地址的服务端口号。*global-port* 为

全局地址的服务端口号。permit-inside 允许内部用户使用全局地址访问本地主机。

应用示例：//NAT 内部源地址静态一对一转换

Router(config)#ip nat inside source static 192.168.1.1 202.102.1.1

//NAT 内部源地址静态一对多转换

Router(config)#ip nat inside source static 192.168.1.1 80 202.102.1.1 80

Router(config)#ip nat inside source static 192.168.1.2 80 202.102.1.1 82

24．ip route

命令格式：router(config)#ip route dest-network mask { next-hop-address| exit-interface}

功能：为该路由器添加静态路由至路由表中。其中，dest-network 为目标网络的网络地址，mask 为掩码，next-hop-address 为下一条的 IP 地址。或者此处也可以写成 exit-interface，即当前路由器的发送端口来代替下一跳的 IP 地址，但是只能用于点对点的连接。

25．ip routing/no ip routing

命令格式：router(config)#ip routing

功能：开启路由器/三层交换机的路由功能。

26．lease days

命令格式：router(dhcp-config)#lease *days* [*hours*] [*minutes*]

功能：与路由器的 DHCP 配置有关的命令。为 DHCP 用户指定租用地址的持续时间，缺省租期为一天。

应用示例：//指定该地址池的租用地址的时间为 30 天。

R1(dhcp-config) #lease 30

27．line console

命令格式：switch(config)#line console 0

功能：进入交换机/路由器的 console 端口配置，后面接 console 的编号，从 0 开始。

28．line vty

命令格式：switch(config)#line vty *vty-id*

功能：允许用户通过虚拟终端接口进行远程登录，Cisco 设备一般支持 16 个并行的远程虚拟终端，按照编号为 0～15。配置此项时，还要开启登录密码保护和配置 enable 密码，否则 telnet 无法连接。

应用示例：//设置最多 5 个虚拟终端用户可以同时登录。

Switch(config)#line vty 0 4

29．login

命令格式：switch(config-line)#login

功能：开启登录密码保护。

30．network

① 命令格式：router(config-router)#network *network-number*

功能：声明与该路由器相连的网络，与动态路由协议 rip 相关。

② 命令格式：router(config-router)#network *network-number wildcard-mask* area *area-id*

功能：声明该路由器相连网络的网络号及所属区域号，与动态路由协议 OSPF 相关。

③ 命令格式：router(dhcp-config)#network *ip-address mask*

功能：与路由器的 DHCP 配置有关的命令，用来指定可以动态分配的 IP 子网号。*ip*-address 为网络号，*mask* 为子网掩码。

31．redistribute

命令格式：router (config-router)#redistribute *protocol process-id* [metric *metric-vlaue*] [subnets]

功能：将 *protocol* 网络路由重新发布至当前的网络路由中。metric 用来指定其度量跳数。subnets 用于将其他路由协议重新发布至 ospf 中，确保网络中的无类子网路由能够被正确发布。

32．router

命令格式：router (config)#router {eigrp | ospf [ospf-id] | rip}

功能：启用动态路由协议，后面接的动态路由协议可以是 eigrp 加强型内部网关路由协议，osfp 开放式最短路径优先协议或者是 rip 路由信息协议。在启用 ospf 时，后面要接 ospf 的进程号。

33．router-id

命令格式：router (config-router)#router-id *interface-address*

功能：配置该路由器的一个接口地址为 OSFP、BGP 的 router-id，作为此路由器的唯一标识，要求在该自治系统内唯一。

应用示例：

router(config-router)#network 2.2.2.0

router(config-router)#network 192.168.12.0

34．show

命令格式：switch#show

功能：查看交换机或路由器的配置信息。

应用示例：//查看系统版本信息

switch#show version

//查看交换机当前运行的配置信息

switch#show running-configure

//查看路由信息

switch#show ip route

35．shutdown/no shutdown

命令格式：switch(config-if)#no shutdown

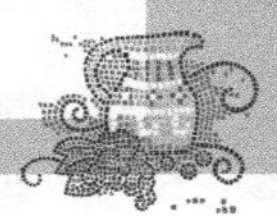

功能：关闭当前端口/启用当前端口。

36．switchport mode

命令格式：switch(config-if)#switchport mode {trunk |access | dynamic }

功能：设置交换机的端口的模式，可以设置成 Trunk（主干）模式、Access（接入）模式、动态模式。

37．switchport access vlan

命令格式：switch(config-if)#switchport access vlan *vlan-id*

功能：将当前端口加入到某个 vlan 中去。

38．switchport port-security

① 命令格式：switch(config-if)#switchport port-security

功能：将当前端口启用端口安全。

② 命令格式：switch(config-if)#switchport port-security maximum *max-number*

功能：规定当前端口最大允许通过的 MAC 地址的数量。

③ 命令格式：switch(config-if)#switchport port-security violation { protect | restrict | shutdown}

功能：配置对超出允许数量的 MAC 的处理方法。protect 为丢弃非法流量，不报警。restrict 为丢弃非法流量并报警。shutdown 为关闭该端口。

④ 命令格式：switch(config-if)#switchport port-security mac-address {sticky | mac-address}

功能：sticky 让交换机获悉当前与该端口相连的主机的 MAC 地址，地址将包含在当前运行配置中，mac-address 将该端口与此 mac 地址绑定。

39．port-channel load-balance

命令格式：switch(config)#port-channel load-balance { src-mac | dst-mac | dst-src-mac | src-ip | dst-ip | dst-src-ip }

功能：配置聚合链路的负载均衡，dst-mac 根据目的 mac 进行流量分担；src-mac 根据源 mac 地址进行流量分担；dst-src-mac 根据目的 mac 和源 mac 进行流量分担；dst-ip 根据目的 Ip 地址进行流量分担；src-ip 根据源 Ip 地址进行流量分担；dst-src-ip 根据目的 Ip 和源 Ip 进行流量分担。如果是修改流量分担方式，并且该 port-group 已经形成一个 port-channel，则这次修改的流量分担方式只有在下次再次汇聚时才会生效。

40．version

命令格式：switch(config-router)version *version-id*

功能：配置所用协议的版本号。

41．vlan/no vlan

命令格式：switch(config)#vlan *vlan-id* {name *vlan-name*}

功能：创建/删除 vlan。

参考文献

1．郭锡泉.网络互连设备配置．北京：人民邮电出版社，2010
2．（美）麦觉理等 著．付强等 译.Cisco 局域网交换机配置手册（第 2 版）．北京：人民邮电出版社，2011
3．杨文虎，李婷.网络互连技术与实训．北京：人民邮电出版社，2011
4．彭家龙.网络设备安装与调试（神州数码）．北京：中国铁道出版社，2011
5．赵莉红，刘文甫，宋立民.网络设备安装与调试．北京：高等教育出版，2012
6．杨功元，窦琨，马国泰.Packet Tracer 使用指南及实验实训教程．北京：电子工业出版社，2012
7.（美）David Hucaby 等 著．付强，张人元 译. Cisco 路由器配置手册（第 2 版）．北京：人民邮电出版社，2012